頂尖主廚
炫技蛋糕代表作

點心店 萊新

負責人兼點心主廚

長谷川享平
Kyohei Hasegawa

1961年出生於日本岐阜縣。在名古屋市內西洋甜點的老店學習之後，創設「點心店RÉGNIÉ」有限公司。為了追求道地的法式甜點屢次前往法國，以巴黎為中心來增長見聞。2007年融會自身所學的一切，開設「高級餐廳 萊新（Grandmaison RÉGNIÉ）」，另外還擴建「咖啡廳嫩芽（Café Bourgeon）」與新開幕的「巧克力專賣店塞奴佛（Chocolaterie Senufo）」。除了為大型企業製作商品之外，也活躍於全國各地的講習、電視、雜誌。

愛知縣名古屋市西區五才美18-2
電話………052-502-0288
營業時間…9:30～20:00
公休日……週一
網站………http://www.regnie.jp/

種類豪華有如夢境一般 期待每季新的作品而前來聚集的人潮

「Grandmaison」本店在廣大的用地上蓋有蛋糕店、巧克力專賣店、咖啡廳等3棟建築物。就算是週一到週五等非例假日也會出現擁擠人潮，其魅力來自於店內豐富的種類，光是大型蛋糕就隨時準備有30種以上。再加上符合季節感的裝飾、店員親切周到的對應等等，按照「季節性的賞味期」來發表新作品也具有很大的影響力。據說主廚．長谷川享平所擅長的，正是透過新材料的研究跟組合，來創造出符合主題的美味。

長谷川主廚另外也非常重視作品從開始到完成所發生的「故事」，並以此來為作品命名，為享用的人留下發揮想像力的空間。外表造型也反應出主廚「甜點必須可以讓人產生雀躍心情」的思想，在大型蛋糕這片廣大的「畫布」上完成有如繪畫藝術一般的作品，提供給大家享受。

連接三棟建築物的中庭。右方為6席咖啡廳的露天座位，當烏桕葉子凋零時可以看到正面的巧克力專賣店。

「咖啡廳嫩芽」的中午，　併提供酒類的法式風格。也會在此舉辦點心教學跟講習。

「巧克力專賣店塞奴佛」會以非洲為主題來佈置展示櫃。

派跟卡納蕾等半生菓的廚窗，法式鹹派也是人氣商品之一。

法式白土司與奶油麵包，另外還有主廚特製的咖哩麵包。

「萊新」內部有200種以上的小蛋糕。其中40種會擺在4層的展示架內。

　拍攝／東谷幸一

上／蛋糕店內的正面是展示小蛋糕的大型玻璃櫃，照片左邊為贈品櫃、右邊則是大型蛋糕與麵包。
下／大型蛋糕的展示櫃。為了常時維持在30種類，讓工作人員必須忙碌的進行補充，以12cm1050日圓起跳跟2100日圓等大眾化的價格為中心。

RÉGNIÉ
depuis1992

雛罌粟阿讓特伊蛋糕

↓食譜參閱81頁

濃郁的口感與清淡的芳香
將莫奈繪畫的世界轉變成甜點的魅力

「雛罌粟」指的是虞美人。同時也被使用在化妝品上的虞美人精油具有清淡的芳香，在歐洲屬於相當一般的材料。融入莫奈著名的繪畫「阿讓特伊的罌粟花田」來製作成充滿獨創性的蛋糕。馬斯卡邦尼乳酪的香濃跟水果酸味合而為一。15cm、3150日圓。

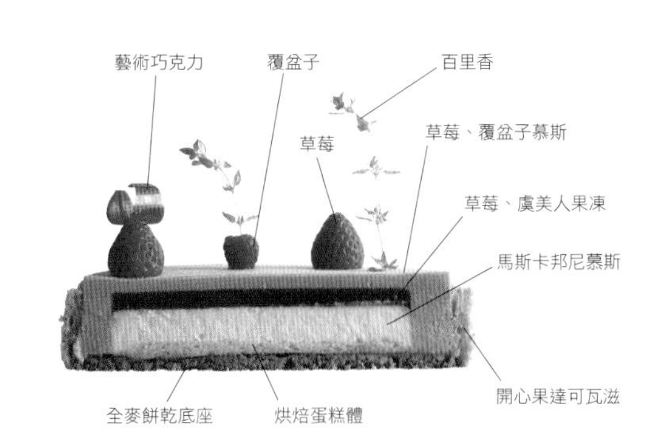

全麥餅乾底座的重點，在於將材料打成粉狀之後與奶油混合

1 將全麥餅乾、細砂糖、胡桃放到食物處理機內攪拌成粉末狀。

2 跟融化的奶油混合。在上一個步驟處理成細微的粉末，混合起來會比較容易。

3 塞到放在烤盤上的環型蛋糕模具內輕輕按壓。處於鬆散的狀態也無妨。

事先用攪拌機將製作果凍的草莓打成果泥

1 將草莓煮到適當的程度，散熱到可以作業的溫度後再次加熱。

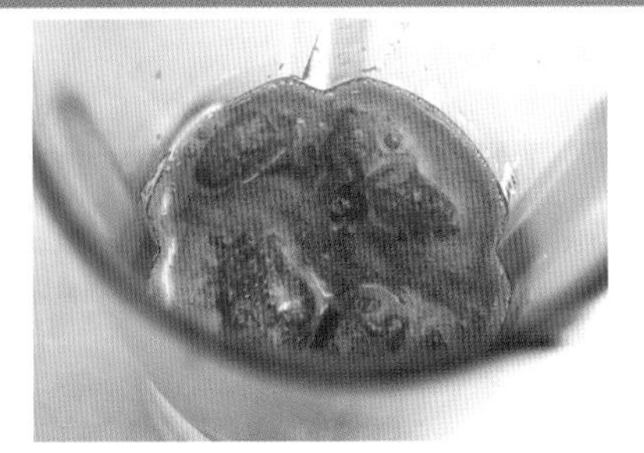

2 會用攪拌機再次處理，所以煮的時候留下顆粒也無妨。攪拌到果泥狀。

3 打成果泥的草莓。加上明膠使其融化，並加上虞美人精油來製作成果凍。

以覆盆子慕斯、冷凍的中央部位、慕斯的順序放上，最後蓋上全麥餅乾的底座

1 在鋪上OPP膜的烤盤放上環型蛋糕模具。倒入160g左右的草莓、覆盆子慕斯。

2 將冷凍的中央部位（草莓跟虞美人的果凍、馬斯卡邦尼慕斯、蛋糕體）輕輕放入之後擠上慕斯。為了避免中央部位移動，慕斯盡量不要用倒的。

3 用抹刀將表面抹平，蓋上全麥餅乾的底座之後冷卻凝固。

阿里巴・拉斯皮納斯

→食譜參閱82頁

使用厄瓜多產的可可豆與香蕉
表現出原產地的印象

長谷川主廚常常造訪巧克力的原產地，2009年為了尋求阿里巴可可豆的原種而前往厄瓜多。當時所製作的甜點就是這道「阿里巴・拉斯皮納斯」，使用厄瓜多的可可豆跟香蕉，特徵是具有水果的芳香。15cm、3150日圓。

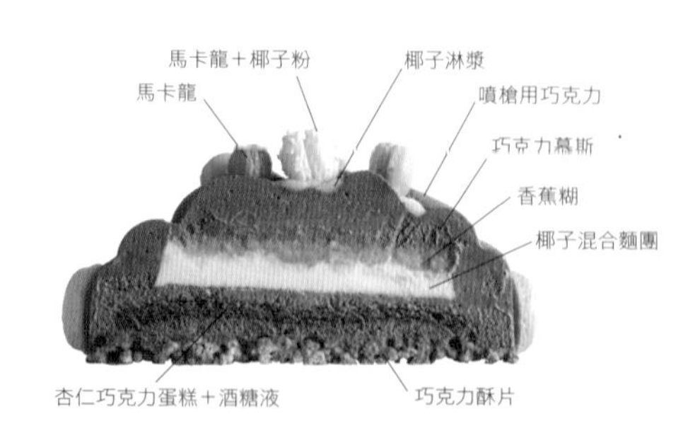

用巧克力跟油
將鬆散的材料結合在一起
來成為酥片

1 將材料的榛果、杏仁、米粒、融化的巧克力（Laitlevage）加上沙拉油來進行混合。

2 巧克力在融化之後與油脂混合，漸漸的纏在一起。

3 放到鋪上OPP膜的環型模具內，輕輕按上來壓成扁平狀。從模具卸下之後放到冰箱冷凍凝固。

征服者蛋糕

↓食譜參閱82頁

用具有酸味的獨特巧克力來配合開心果
色彩鮮艷的大型蛋糕

「征服者」（Conquistador）是帶有酸味的包覆用巧克力。長古川主廚擅長運用各種不同風味的巧克力，在此用征服者巧克力慕斯組合開心果的烘焙蛋糕，創造出美麗的多層構造。10.2cm正方、3150日圓。

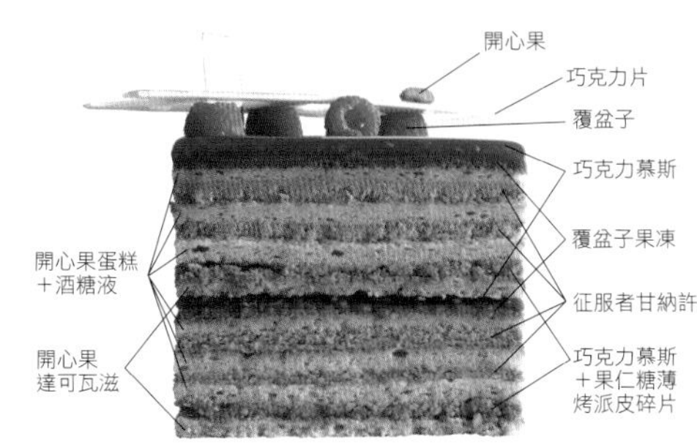

櫻桃紫羅蘭蛋糕

↓食譜參閱83頁

堇花的芳香加上櫻桃、巧克力、馬斯卡邦尼乳酪
各種材料的個性渾然天成創造出柔和的美味

用散發出堇花芳香的達可瓦滋組合灑上櫻桃的慕斯。酸味跟爽朗的口感則是來自馬斯卡邦尼慕斯與櫻桃糖煮水果。另外用覆盆子種子的果醬將巧克力夾住，點綴出舒適的風味。12.5cm正方、2520日圓。

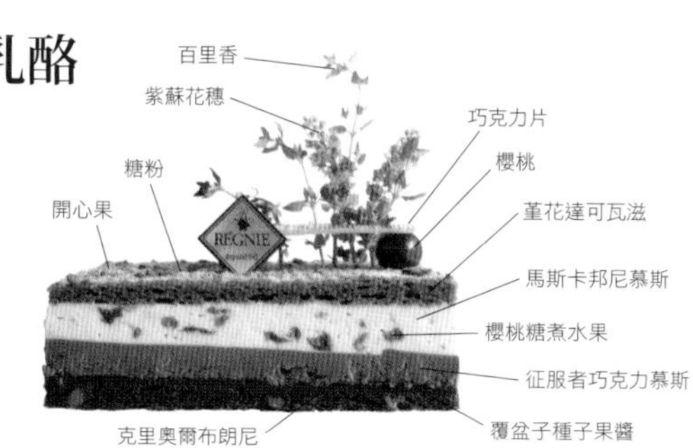

中津川蒙布朗的大型蛋糕　御岳山

→食譜參閱84頁

當作餡料的黑糖蛋糕捲
用全新的創意來提升蒙布朗的份量

在達可瓦滋的底座擠上鮮奶油香堤，周圍塗上栗子糊。乍看之下只是普通的蒙布朗，但內部包覆有蛋糕捲，讓人享用起來特別有滿足感。日本國產的栗子糊具有優雅的芳香，食用後的感覺也非常爽朗。12cm、2100日圓。

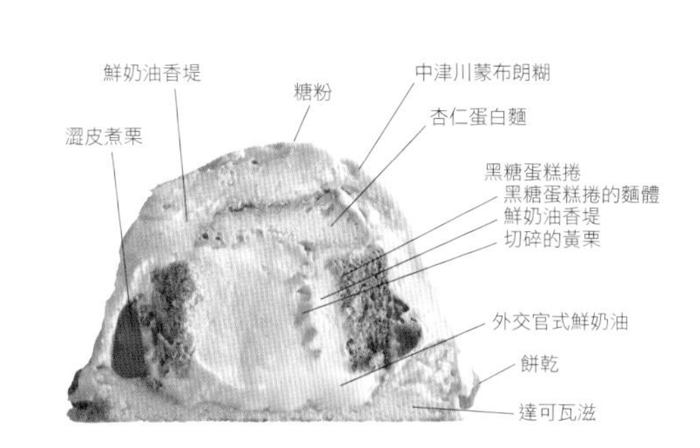

組合零件、整體的包覆與修飾等等在各個工法之中活用鮮奶油類

1 在達可瓦滋擠上外交官式鮮奶油並放上蛋糕捲，並在頂部跟結合的縫隙擠上鮮奶油。

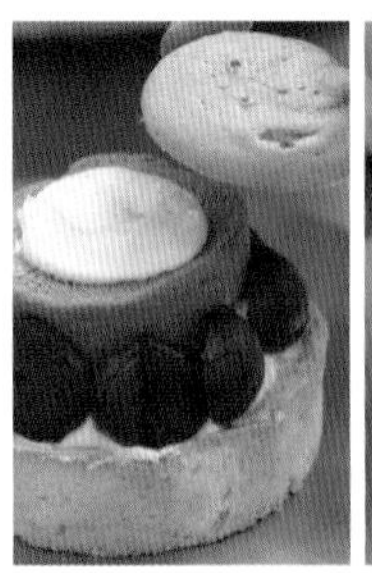

2 周圍擺上栗子的澀皮煮，頂部放上杏仁蛋白霜，擠上鮮奶油香堤將整體包覆，放到冰箱冷凍。

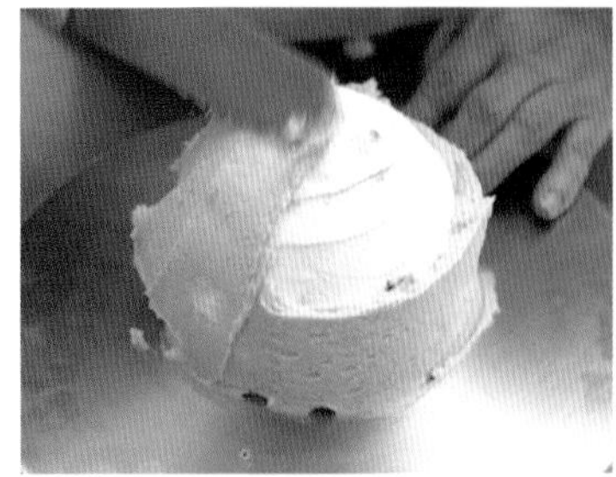

3 用抹刀塗上蒙布朗糊，在周圍貼上餅乾，從上方篩上糖粉修飾。

蛋糕店 杏樹

負責人兼點心主廚

佐藤正人
Masato Sato

1970年出生於日本秋田縣。在神奈川縣相模原市的「Peche Mignon」、「DALLOYAU」學習之後前往法國。在甜點M.O.F協會會長Philippe Urraca先生的門下持續鑽研，回國之後先在東京．世田谷的「Fraola」任職，後來轉到東京．三鷹「Esprit de Paris」擔任點心主廚。2009年11月開設蛋糕店「杏樹」。

東京都中野區大和町1-66-3
電話………03-5364-9675
營業時間…10點～20點（沙龍為10點～19點）
公休日……週二
URL………無

盡可能的組合材料與技術 以每天不斷進化的豪華蛋糕為目標

「櫻井修一主廚真的教了我很多」口中總是這樣講的佐藤正人主廚，在櫻井先生擔任負責人的「Fraola」任職時，被賦予裝飾大型蛋糕的重責大任。為了不讓客人感到厭煩，必須讓外觀總是可以有不同的變化。為了鍛鍊表現的能力，同一款蛋糕每次都必須要有不同的造型。這點在自立門戶之後也是一樣，每次作業都會創造出不同的裝飾。

具有充分高度跟尺寸的大型蛋糕，可以使用小蛋糕無法套用的演出手法。身為宴會與慶典常客的大型蛋糕，不可缺少豪華的外表，而這正是佐藤主廚感到有趣又有成就感的部分。

另外，一般生鮮甜點在製作途中較具有柔軟性，許多部位還是可以更改，但烘焙式甜點則完全沒有這種自由度，對此佐藤主廚也覺得非常具有挑戰性，分別在週六與週日提供幾種長時間烘焙的甜點。

只在週末製作的烘焙式甜點，葡萄乾麵包、騎兵帽麵包、對話麵包，構造簡單卻擁有濃郁的風味。

使用杏子跟牛奶巧克力、台灣香檬等，組合各種季節性材料所製作的果醬。

依照店名「杏樹」而使用可愛杏子顏色的招牌，深受大家的喜愛。

從產期的梅子跟櫻桃中嚴格挑選，浸泡到生命之水來創造出獨特的風味。

塞滿乾燥水果跟堅果的香腸型（Saucisson）巧克力也很受歡迎。

入口右邊的架子是由主廚夫妻兩人親手製作。排放有大約15種的烘焙式甜點，隨著季節進行不同的裝飾。

 拍攝／佐佐木雅久、曾我浩一郎（店內、人物）

上／14坪大小的店內以自然的木頭色跟白色為主，另外用杏子色來進行點綴，給人明亮又溫暖的感覺。
下／「以立體性的方式來思考材料組合」，展示櫃內部有2～4種結構相當精巧的大型蛋糕，以及25種左右的小蛋糕。

皮埃蒙特蛋糕

↓食譜參閱85頁

用焦糖化堅果的口感與慕斯的柔軟 將堅果的美味發揮到極致

在法國學習時店內所製作的招牌料理，本來是製作一層的堅果慕斯林，藉此享受堅果風味的蛋糕。但是對日本人來說太過黏膩，另外加上一層巧克力與堅果的慕斯林，達可瓦滋也改成比較不會讓人感到甜膩的類型。12cm、2100日圓。

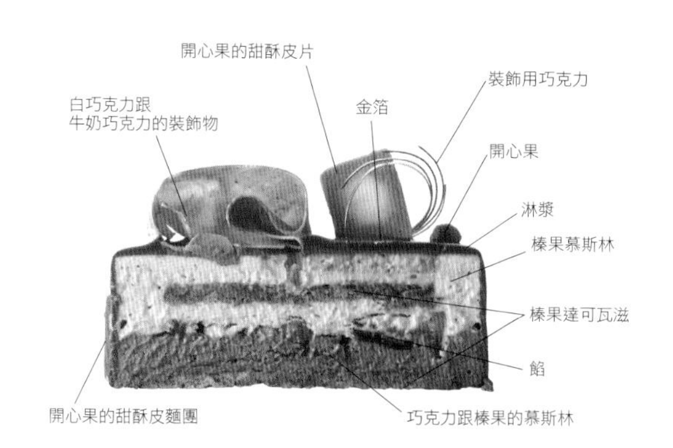

用確實攪拌發泡的蛋白霜讓達可瓦滋產生輕盈的口感

1 堅果的油脂成分有許多都很容易分離，為了讓麵糊連結在一起，必須將蛋白霜確實攪拌到舀起時整團掉落的程度。

2 使用糖粉可以得到比較不甜膩的口感。將混合的堅果與糖粉加到蛋白霜時，用鏟子如切割一般的迅速攪拌。

3 透過烘焙讓水分蒸發之後，烤盤跟紙之間會出現縫隙。酥脆口感的重點是馬上把紙撕下，讓蒸氣可以散發出去。

將巧克力加到基本的慕斯林，拓展出多元的口味

1 將奶油與2種堅果糊加在一起攪拌發泡，跟卡士達鮮奶油混合而成的慕斯林的基本型態。

2 將融化的巧克力與慕斯林混合時，維持在可以讓巧克力融化但奶油不會融化的溫度（約30℃）。

3 將慕斯林跟巧克力混合之後，加上義式蛋白霜，輕輕攪拌以避免將蛋白霜的氣泡壓破。

別讓焦糖的糖衣散開，將堅果一顆一顆的切碎

1 加熱後焦糖會先開始冒泡，接著氣泡的數量減少，顏色也跟著加深。再來會迅速的被烤焦，必須馬上將火關掉。

2 讓堅果確實的被焦糖包覆，可以成為將慕斯林夾住也不會溶化的糖衣，維持堅果獨特的口感。

3 切太細的話焦糖的糖衣會成為粉狀，讓口感變差，必須一顆顆仔細的切開。

維爾吉香檳蛋糕

↓食譜參閱85頁

用香檳製作的豪華慕斯
描繪出香檳地區的田園風景

在香檳地區的田園之中所看到的紫紅色夕陽，以那美麗的景象為主題的作品，使用跟香檳具有最佳配合度的黑加侖。近來慕斯的甜點以複雜的構造為主，在此也用麵體跟慕斯架構出9層的構造。直徑15cm的圓頂型、2800日圓。

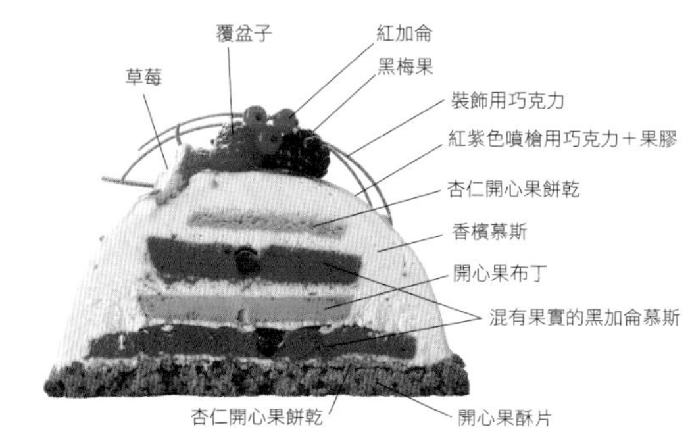

西洋梨樹蛋糕

→食譜參閱86頁

從基本構造到裝飾全都採用西洋梨
跟無花果麵體組合出充滿季節感的一道甜點

在使用西洋梨糖漿的芭芭露內部，包覆有大量焦糖化的西洋梨當作餡料。無花果的杏仁鮮奶油跟柔軟的芭芭露融合出瑪德蓮蛋糕一般的口感，另外在表面塗上焦糖甘納許來增添額外的芳香。12cm、2100日圓。

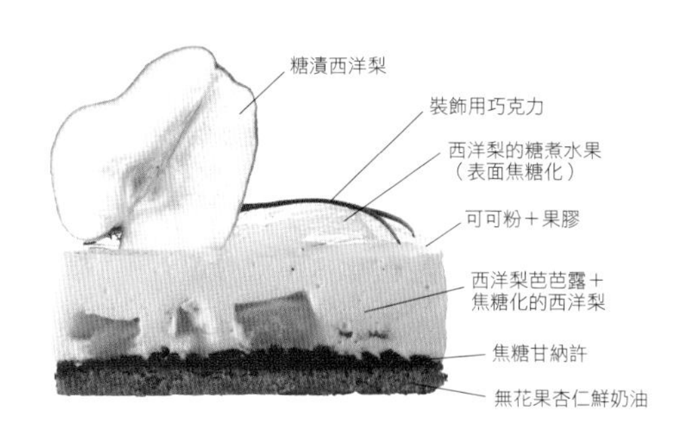

活用無花果種子的顆粒感，烘焙出柔軟的杏仁鮮奶油

1 將乾燥的無花果泡在水中一個晚上之後，用食物處理機處理成柔滑的糊狀。

2 將糊狀的乾燥無花果加到杏仁鮮奶油上，確實攪拌來成為厚實又柔軟的麵糊。

3 柔軟的麵糊在烘焙時若是沒有凝固板會流散，因此連同凝固板一起放到烤箱內，烘焙到出現淺淺的顏色為止。

欲望

→食譜參閱87頁

用巧克力的黑與覆盆子的紅
表現出「欲望」給人的強烈印象

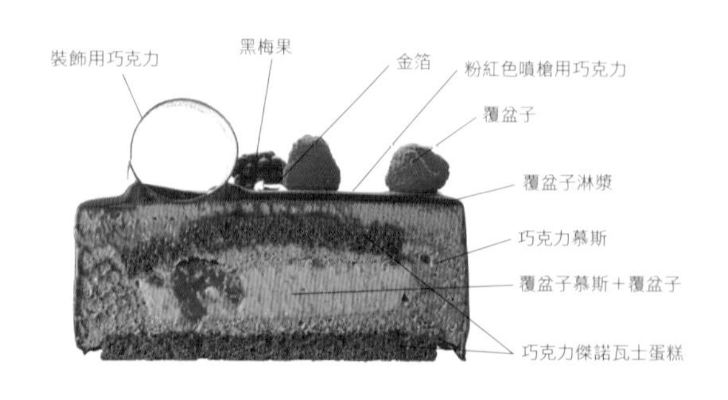

在底部跟巧克力慕斯的中間原本是夾杏仁餅乾，在對於杏仁過敏的反應之下，改成傑諾瓦士蛋糕，受到很大的支持。在淋漿內混入覆盆子果泥，形成絕妙的風味與色彩。12cm、2100日圓。

用果泥加深淋漿的味道與顏色，創造出與眾不同的個性

1 覆盆子果泥必須煮到110℃才會出現光澤，嚴格遵守溫度將會非常的重要。

2 在將生奶油、麥芽糖、轉化糖煮沸的同時，覆盆子果泥也必須剛好達到適當的溫度，馬上讓兩者加在一起。作業時間的管理將會是重點。

3 將可可粉倒入之後再次進行加熱時，維持在103～104℃的溫度可以得到最佳的光澤。達到這個理想的溫度之後再加上明膠。

楓

→食譜參閱87頁

只使用楓糖與糖漿的果凍與慕斯 藉此來提高風味

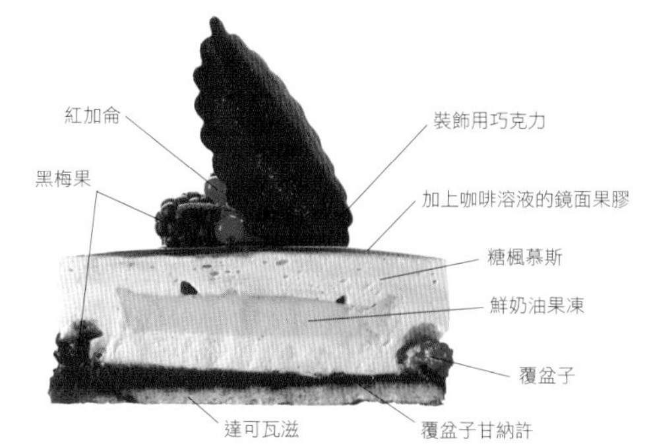

身為主角的慕斯跟果凍用楓糖與楓糖漿來取代砂糖，全面性的突顯出楓糖的風味。甘納許具有巧克力的苦跟覆盆子的酸，將柔和的味道整合在一起。12cm、2100日圓。

為了清楚呈現梅果類，將慕斯壓緊到僵硬，來擠成波浪形

1 將楓糖漿煮到117℃。溫度在超過110℃的時候會一口氣往上攀升，作業時必須小心注意。

2 分出少量的慕斯，將容器放到冰水內來避免溫度不均。為了不讓氣泡被壓破，要小心不可過度攪拌。

3 理想的狀態是用鏟子舀起時，整團往下掉落的硬度。這樣就算擠在水果上也不會滑落，讓裝飾上的表現手法更加廣泛。

蛋糕店 李昂

負責人兼點心主廚

矢田萬幸人
Makoto Yata

1962年出生於日本和歌山市，畢業於「“辻”烹飪學校」。從法國學校「L'ECLAIR」畢業之後，在李昂的MOF「尚保羅．皮尼奧爾」更進一步的學習傳統法式甜點與熟食。回國後在“辻”烹飪專門學校擔任教職，1985年擔任“辻”點心專門學校的教職之後再次前往法國遊學。1988年創設「蛋糕店 李昂」。

和歌山縣和歌山市十番丁84 Le Chateau十番丁1F
電話………073-433-7855
營業時間…10點～19點（沙龍為L.O. 18點30分）
公休日……週日
URL………http://www.lyon.hm

掌握美味的本質來實現精簡的構造
重新認識正統派的美麗

附帶有沙龍的店內，氣氛有如電影「艾蜜莉的異想世界」，展示架內的生鮮甜點也綻放出古典的美麗。位於和歌山市中心內，光顧者大多是上班族、一起外出的家族，跟來自遠方的旅客。本店的負責人矢田萬幸人主廚，曾經在“辻”點心專門學校擔任教職，以不拘泥於流行的傳統法式甜點為信條。

大型蛋糕在日本大多給人生日跟結婚典禮才能看到的印象，主廚則是希望能像法國一樣融入日常生活之中，為了讓人輕鬆享用，以受到好評的巧克力為中心準備了豐富的口味。而每一款蛋糕，都擁有傳統又端正的美味與外觀。製作方法雖然忠於基本教條，但卻大膽的掌握美味的神髓，徹底確保每一道作品獨特的個性，形成色彩鮮明的作品陣容。

兩個區塊的露天座位加在一起共有6～8席。非假日坐滿了結伴前來的女性們。

店內喝下午茶的空間備有舒適的沙發，可容納4～5人。提供的飲料有水果茶、咖啡歐蕾，各525日圓。

半生甜點有心形的達可瓦滋跟抹茶磅蛋糕等等。

來自大阪的紅茶品牌「Amsu」除了販賣茶葉之外也在店內供人直接享用。

古董水晶燈下方的櫃子，擺放有大約18種的小餅乾。

20～25種的小蛋糕與泡芙、布丁。常常供不應求，必須掛上寫著道歉之意的黑板。

 拍攝／東谷幸一

上／入口左邊的區塊是給大型蛋糕跟小蛋糕專用。2座玻璃櫃整然的排在一起，照片的右手邊為咖啡廳。
下／大型蛋糕的展示櫃內部，除此之外還有特別訂製的類型。高人氣的巧克力藝術不論種類都可以看到。

L'Opéra

歌劇院蛋糕

↓食譜參閱88頁

充分吸收咖啡糖漿的麵體
配上濃濃的摩卡鮮奶油來創造出豪華的風味

蛋糕店李昂所採取的風格，是對於代表性法式甜點所秉持的原則，正面接受不做任何修改。在「歌劇院蛋糕」的場合，這個原則代表杏仁麵體、濃濃的咖啡糖漿、咖啡跟巧克力的鮮奶油、發出美麗光澤的淋漿與金箔等等。含有糖漿的蛋糕體讓人印象非常的深刻。10cm×20cm的方塊、3780日圓。

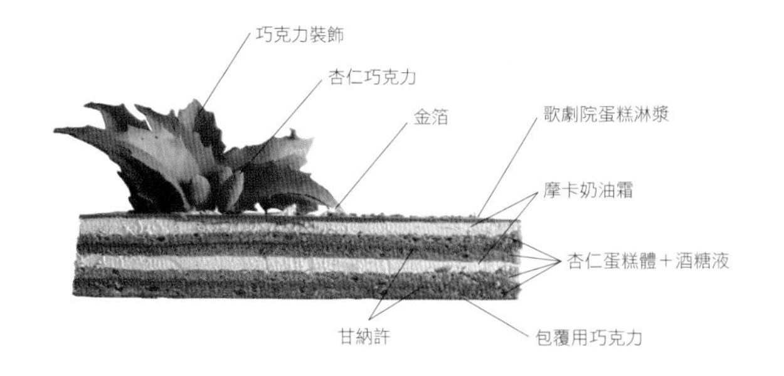

改變鮮奶油的塗抹方式，避免讓蛋糕體損傷

1 在1片350g的薄蛋糕體灑上咖啡口味的酒糖液，從周圍開始作業。

2 整片均勻的灑上。份量為充分包覆整個蛋糕表面，但可以用滲透到整個麵體內部的心態來進行。

3 倒上甘納許。在一開始先將全部倒上，都倒到中央，然後往四周圍塗抹出去。

4 若是拉扯到蛋糕，很有可能會留下傷痕，因此用L形抹刀以撫摸甘納許表面的方式來進行塗抹。

5 若是蛋糕有隆起或不平坦的部分，不要讓甘納許跟著起伏，而是將表面補平。

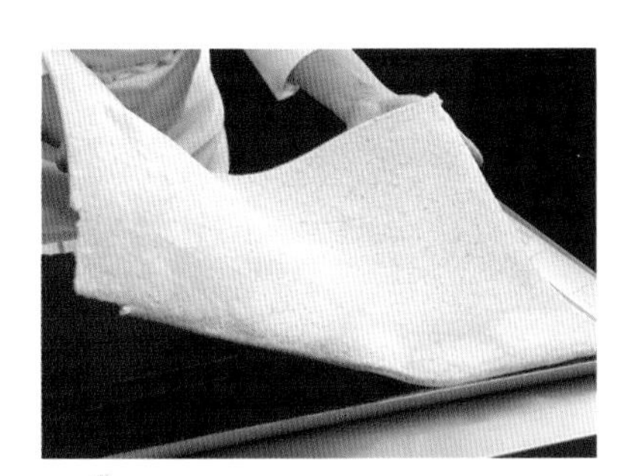

6 調整成四角完全吻合的尺寸，將另一層蛋糕體疊上。一樣灑上酒糖液。

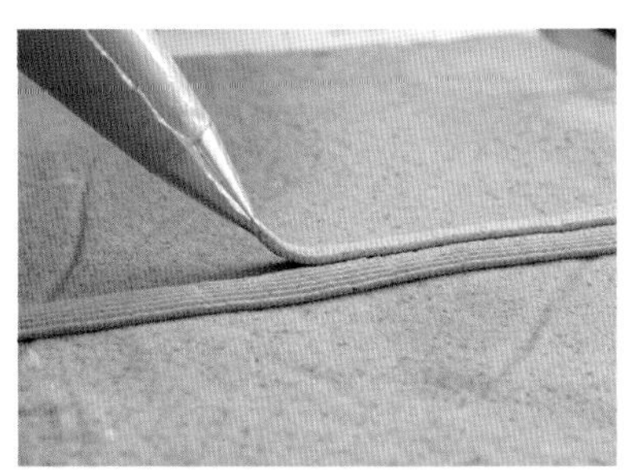

7 用花嘴均等的擠上摩卡奶油霜。若是將奶油倒到表面來進行塗抹，很容易讓表面的酒糖液受損，盡可能用擠的。

8 從中央部位開始擠上，一路擠到邊緣。重複擠上第二層、第三層，將奶油霜全部用完。

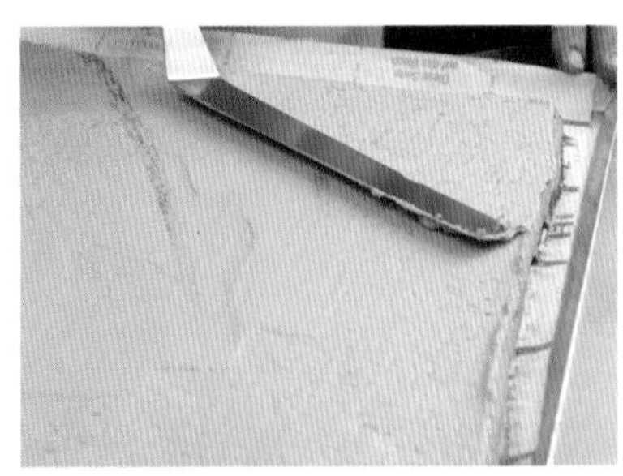

9 塗抹時注意不要去碰到蛋糕體，以免讓蛋糕體受損，處理邊緣時從角落往中央塗過去，來形成直角。

鏡面巧克力蛋糕

→食譜參閱90頁

重點在於鏡子一般光滑的表面 底部杏仁蛋白霜的硬度也很重要

如同名稱一般，表面為散發光澤的鏡面淋漿，內部為巧克力慕斯。另外還在慕斯混入覆盆子。隨著季節變化，會將覆盆子換成西洋梨。12cm、2310日圓。

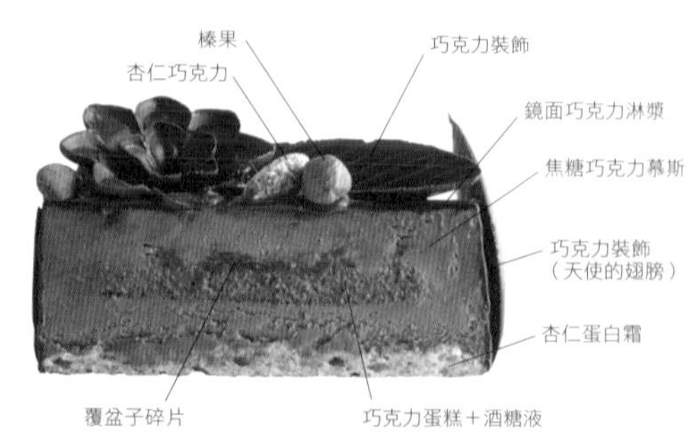

效法甜點的由來 用巧克力、榛果來進行裝飾

1 用模具製作巧克力裝飾。先將模具放到冰箱冷凍，用其中一面按到融化的巧克力上，凝固之後用竹籤剝下。

2 放上巧克力跟裝飾成雞蛋的榛果，以及造型模仿可可果實的杏仁巧克力。

3 復活節常常可以看到的一道甜點，因此加上天使翅膀的裝飾、灑上金箔、並用緞帶圍住。

馬郁蘭蛋糕

↓食譜參閱89頁

被稱為夢幻蛋糕的知名作品 以獨自的技巧復甦成為招標商品

以法國知名餐廳「金字塔」的費南德·波尹特所設計的甜點為基礎。該餐廳現在已經沒有飯賣，因此被稱為「夢幻蛋糕」。特徵是帶有濕氣的獨特口感，矢田主廚用礦泉水來重現這份口感。12cm方塊、2100日圓。

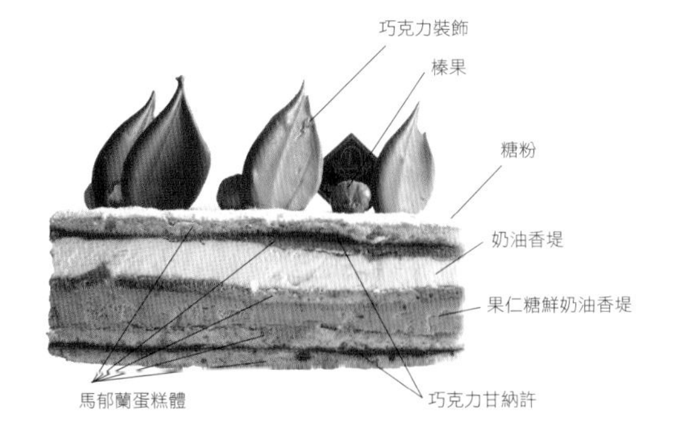

賦予蛋糕體水分的時機，是散熱到可以作業的溫度時。蛋糕體若是完全冷卻將難以吸收水分

1 看準烤好的蛋糕體散熱到可以作業的程度時，將礦泉水噴上。每一塊大約噴200毫升。

2 塗上甘納許。時機恰當的話蛋糕體已經將水分吸收，也可以在噴完水之後立刻塗上。

3 從中央均等的往四周塗抹出去，疊上另外一片噴上礦泉水的蛋糕體，放到冰箱冷凍凝固。

聖馬可蛋糕

↓食譜參閱90頁

杏仁蛋糕的濕潤感
跟炸彈糊烘烤之後的芳香所形成的絕配

在含有糖漿、口感濕潤的杏仁蛋糕之間，夾上輕飄飄的鮮奶油香堤跟巧克力鮮奶油。重點在於表面所塗上的炸彈糊，用噴槍烤到幾乎燒焦的程度，跟杏子果醬淡淡的酸味合而為一。12cm方塊、1680日圓。

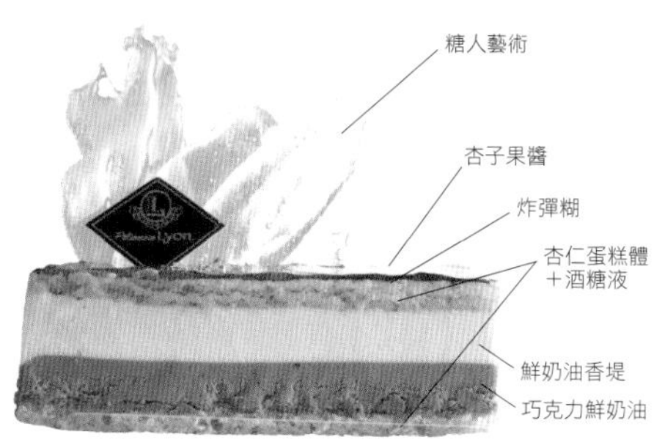

聖奧諾雷蛋糕

→食譜參閱90頁

酥脆的派皮與輕飄飄的鮮奶油香堤
將令人熟悉的古典甜食製作成大型蛋糕

在烘焙得恰到好處的派皮與泡芙皮的台座，放上大量鮮奶油跟焦糖小泡芙。被矢田主廚形容成「現代法國泡芙甜點之中最後的現任古典甜食」，因此特別著重豪華的外表。15cm、3360日圓。

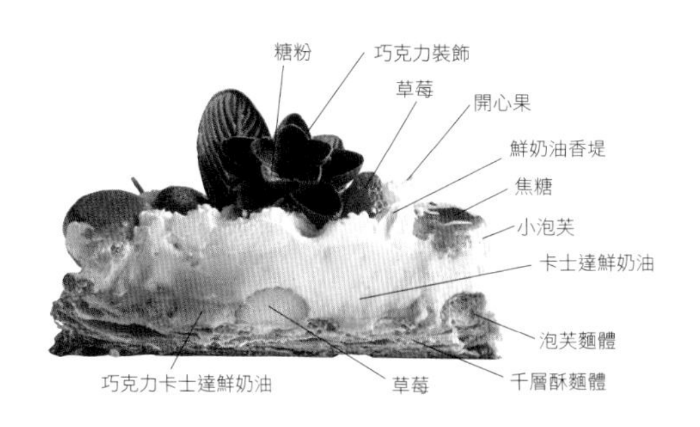

將鮮奶油確實攪拌發泡來製作成鮮奶油香堤，維持清爽的外觀

1 將熱騰騰的焦糖放到小泡芙平坦的表面（底部），等間隔的擺在鮮奶油香堤上。

2 在小泡芙之間擠上鮮奶油香堤。必須充分攪拌發泡來避免變形。

3 擠上鮮奶油香堤來將縫隙填滿，用切成兩半的草莓、巧克力藝術來進行裝飾，篩上糖粉之後放上開心果做最後的修飾。

法式甜點 百合

負責人兼主廚點心師

須山真吾
Shingo Suyama

1975年出生於日本島根縣。在島根當地的西式糕餅店學習4年之後，前往東京下高井戶的「蛋糕店 Noliette」學習7年半的時間。之後在東京自由丘的「ORIGINE CACAO」任職2年半。2010年1月開設法式甜點「百合」。

東京都三鷹市下連雀1-9-16 KENT大樓1樓
電話………0422-70-5002
營業時間…10點～19點
公休日……週二、不定期
URL………http://lelis.p-kit.com

捨棄一味追求流行，用充滿素材感的蛋糕來傳遞感性的「美味」，深受當地好評

須山主廚與同樣身為糕點師傅的夫人在2010年1月所開設的法式甜點專賣店「百合」，位於東京三鷹市綠意盎然的住宅區內。以不追求流行、精簡又不繁雜的感性「美味」做為主題，秉持「蛋糕不是主角，而是用來添加色彩的存在」的原則，在店內可以看到許多活用素材來當作美麗裝飾的蛋糕。

生鮮甜點類隨時都會準備20～25種，使用當季材料的季節性商品也深受好評。用須山主廚的出身地．島根縣直接送來的無花果所製作的蛋糕，以及島根縣名產的出西生薑所製作的巧克力，都引起不小的話題。另外在展示架中特別引人注意的，是擺在上層的各種大型蛋糕。每天都會更換不同的種類，非例假日5～6種、週末則有10種左右，在生日或慶典為當地家庭的餐桌增添幾分光彩。

烘焙甜點為高人氣商品，隨時準備有15～20種。跟散裝相比，當地居民大多購買禮盒來當作贈品。

也有散發出發酵奶油濃郁芳香的牛角麵包（180日圓）與咕咕洛夫麵包（300日圓）等維也納甜點、塔的區塊。

「Lis」法文中的「百合」。動機來自法國的國花與主廚夫人的名字。

巧克力夾心軟糖有焦糖、榛果、威士忌、柚子等14～15種。每顆180日圓，綜合禮盒也很受到歡迎。

擺放在甜食區的水果軟糖（1顆100日圓）跟牛軋糖（1顆120日圓）。牛軋糖在最近越來越受歡迎。

 拍攝／佐佐木雅久、曾我浩一郎（店內、人物）

上／位於吉祥寺大道，備有兩個停車位。客戶族群之中有許多是本地人，高齡者也不在少數。
下／在生鮮甜點的玻璃櫃之中，上層為大型蛋糕，下層為小蛋糕。排列時會仔細注意整體的顏色分配，大型蛋糕每天都會有不同的種類。

le PATISSERIE Lis

百香果蛋糕

↓食譜參閱91頁

4種巧克力加上百香果、馬卡龍
享受多層構造美妙均衡的蛋糕

奶酪跟慕斯等4種類型的巧克力，跟配合度絕佳的百香果鮮奶油搭配在一起的一道作品。用奶酪表現出濃稠的巧克力感、用慕斯來得到輕柔的口感，最後讓百香果的餘韻留在口中。放上一顆馬卡龍，可以增添杏仁的芳香與口感。12cm方塊、2300日圓。

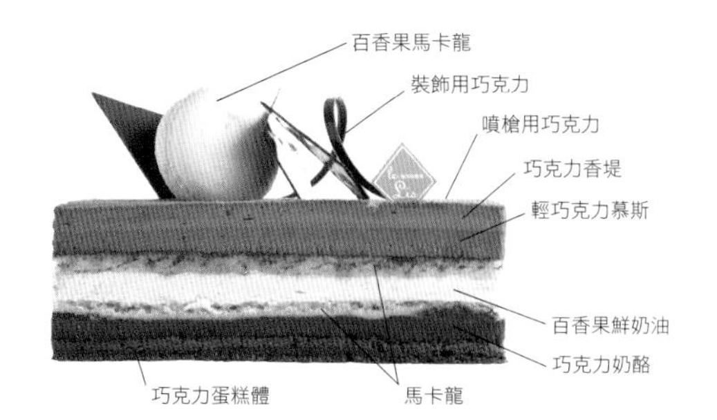

巧克力蛋糕體在攪拌時要確實進行乳化

1 將巧克力融化，跟煮沸的牛奶、奶油混合之後，中央加入打散的蛋黃，用慢慢捲入中心的感覺來進行攪拌。

2 確實的進行乳化，攪拌到用打蛋器舀起時整團落下。乳化不足會在烘焙時分離，成為僵硬的蛋糕。

3 將蛋白霜跟粉類加入混合，最後製作成柔滑又黏稠的麵糊。若是沒有確實進行乳化，會因為水分過多而太過稀薄，讓外觀容易走樣。

散發光澤可輕易在口中溶化的巧克力奶酪，一開始的混合方式非常重要

1 在融化的巧克力中央，慢慢加上煮沸的牛奶跟泡軟之後溶化的明膠來進行混合。

2 在加上少量牛奶的階段時，確實製作成滑軟又能發出光澤的狀態。

3 最後加上冰的生奶油來一口氣進行混合，溫度的下降可以創造出有如巧克力調溫之後的光澤跟口感。

將巧克力香堤擠成棒狀來修飾成美麗的造型

1 前一天所準備好的巧克力香堤，在將蛋糕組合之前攪拌到可以擠的狀態（發泡8分左右）。

2 用直徑9mm的花嘴來擠成一條一條的棒狀，中間不留縫隙。

3 擠好巧克力香堤之後，放到冰箱急速冷凍1小時。之後用噴槍做最後的修飾。

蒙特利馬爾蛋糕

↓食譜參閱92頁

使用蜂蜜的芳香與豐富的堅果
將牛軋糖風味的慕斯製作成蛋糕

以法國蒙特利馬爾地區的傳統零食「牛軋糖」為基礎的冰鎮牛軋糖，將此修改成蛋糕的形式。疊上混入大量堅果跟榛果達可瓦滋的蜂蜜慕斯，並夾上酸酸甜甜的杏子果凍來取得均衡。15cm、3300日圓。

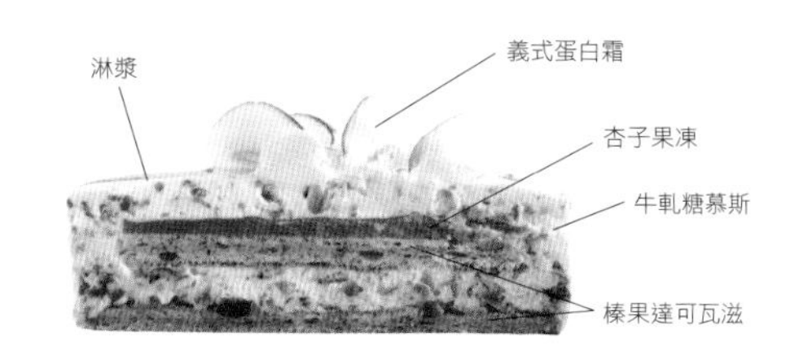

賜福蛋糕

→食譜參閱92頁

黏稠又濃厚的黑加侖鮮奶油
組合輕奶油酥餅來取得均衡

在奶油酥餅疊上混入焦糖蘋果的黑加侖鮮奶油所製作成的蛋糕。用口感黏稠又濃厚的黑加侖鮮奶油來組合含有空氣的輕奶油酥餅，藉此讓作品取得應有的均衡。蘋果的口感可以成為恰到好處的點綴。15cm、2800日圓。

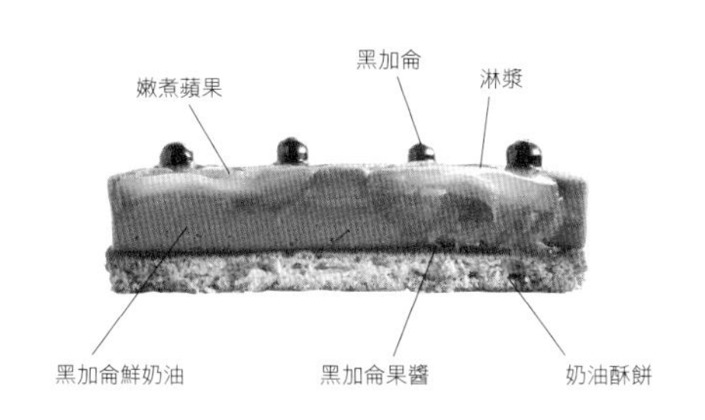

添加香草的芳香來製作香濃的嫩煮蘋果

1 攪拌時將從綠色轉成金黃色的部份往中央混合，均衡的烤焦來進行焦糖化。

2 焦糖化時必須處於高溫，為了不讓香草的風味消失，經過火烤之後再將香草加入。

3 讓冒出的氣泡慢慢破裂，一直煮到出現濃稠、厚重的感覺。

栗子夏洛特

↓食譜參閱93頁

疊上添增薰草豆芳香的焦糖布丁
用跟栗子絕佳的配合度來增添魅力

用柔軟的栗子慕斯來製作成夏洛特蛋糕。疊上嫩煮西洋梨跟鮮奶油布丁，另外擠上焦糖香堤來增添濃郁的芳香。焦糖布丁之中含有薰草豆高雅的芳香，讓人享受它跟栗子組合出來的絕佳風味。12cm、2300日圓。

迅速混合拇指蛋糕體的麵糊，以避免將氣泡壓破

1 將蛋黃與細砂糖確實攪拌發泡之後，加上少量的蛋白霜，迅速混合以避免將氣泡壓破。

2 在蛋白霜完全混合之前，加上少量篩過的低筋麵粉，攪拌時避免將氣泡壓破。

3 麵糊在剛完成的時候狀態最佳，因此最先擠出會直接影響到外觀的頂部。

柚子起士蛋糕

→食譜參閱93頁

讓淡淡的柚子風味在口中散開
用柔滑慕斯所製作的蛋糕

使用柚子跟鮮奶油起士等兩種慕斯。夾了一層紅加侖的庫利凍當作點綴，在賦予酸味的同時又不會去干擾到柚子。為了讓淡淡的柚子風味可以在口中散開，將慕斯的明膠減到最低來創造出柔滑的口感。12cm、2200日圓。

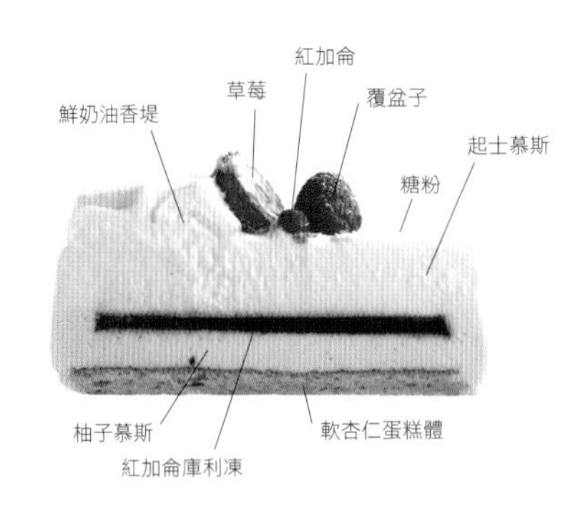

讓兩種慕斯在組合前一刻完成柔軟又滑嫩

1 柚子慕斯會隨著時間而變硬，一直到要組合蛋糕的前一刻，才將發泡7分的生奶油加入混合，以柔軟的狀態來使用。

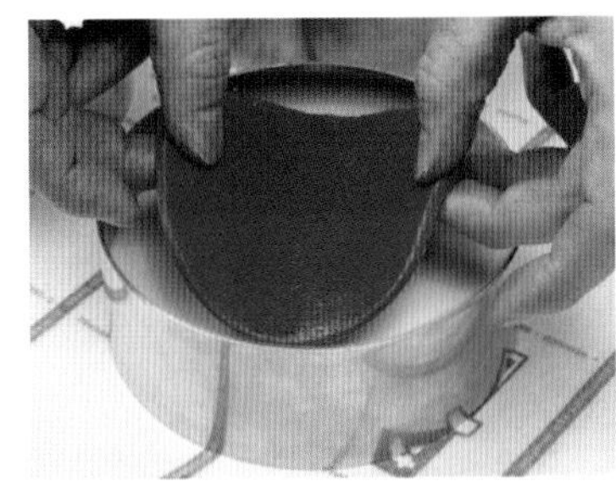

2 將紅加侖的庫利凍放到柚子慕斯上。事先將庫利醬倒到矽膠模內進行冷凍。

3 起士慕斯也跟柚子慕斯一樣，在組合蛋糕的前一刻，才跟攪拌到發泡7分的生奶油混合、倒入。

蛋糕店 母親的微笑

負責人兼主廚點心師

栗本佳夫

Yoshio Kurimoto

1971年出生於日本岐阜縣。從糕點專門學校畢業之後於「名古屋Marriott Associa Hotel」、「Hotel de Mikuni（研習）」、「Mikuni Nagoya」任職，之後再次到名古屋市內各大蛋糕店進行學習。2001年參加日本蛋糕秀，在甜食（Confiserie）巧克力部門得到第3名。2002年於同一比賽內，在美味與技術的大型裝飾蛋糕部門得到第3名、2003年巧克力大型裝飾蛋糕部門第1名、2004年內海盃糖人藝術銀獎、2005年Coupe du Monde世界糕點大賽日本預賽第1名、2005年代表日本參加世界糕點大賽得到第4名。2006年開設蛋糕店「母親的微笑」。

愛知縣名古屋市中區橋1-4-12
電話……052-332-2477
營業時間…10點～20點（沙龍為L.O.18點30分）
公休日……週三（遇到公定假日的場合隔天補休）
URL………http://www.souriante-nagoya.net/

大型蛋糕屬於特別的日子 每一份都擁有專用的造型

進到店內，首先映入眼簾的是透明的展示櫃。造型清爽與鮮艷色彩的蛋糕整齊排列，立刻將人帶入甜點的世界之中。小蛋糕約25種，大型蛋糕6～7份。櫃內的大型蛋糕基本上屬於展示用的樣品，主要是以「獨創蛋糕」等訂購商品為主。身為負責人的栗本佳夫主廚表示「小蛋糕是可以馬上享用的日常性食品，大型蛋糕則屬於非日常性，大多會在特殊節日購買。因此要隨著訂單內容來設計專用的造型」。而各種訂單之中又以海綿蛋糕數量最多，對此栗本主廚也表示「從西洋甜點的歷史來看，日本人會喜歡海綿蛋糕是非常自然的一件事情」，造型上尤其得注重獨創性。表面上「擁有不同面孔」的海綿蛋糕，似乎可稱之為大型蛋糕的新風格。

店內所陳列的大型蛋糕。發揮栗本主廚在裝飾蛋糕部門奪得冠軍的過人技術，展現出美麗的造型。

內部設有安靜的下午茶區，3張桌子共12席。皇家奶茶、水果茶等飲料各400日圓。

除了Coupe du Monde世界糕點大賽之外，栗本主廚還擁有許多得獎經歷。

呈現焦糖迷人色彩的葉子派，烘焙式甜點大約有25種。

禮品櫃。有餅乾、蛋糕、瓦片餅等各種綜合包裝的禮盒。

人氣商品馬卡龍。有覆盆子、開心果、柚子等大約10種口味。下方還有達可瓦滋、蘑菇餅乾等等。

 拍攝／東谷幸一

上／店內空間非常寬廣，設有讓人在等待時可以坐下的沙發。前方則是馬卡龍等大型展示櫃，光是欣賞也不會無聊。
下／入口正面的展示櫃，細膩的造型傳遞出主廚「以方便享用為優先、食用者的笑容是自己最大的喜悅」等原則。

特製水果酥餅

→食譜參閱94頁

「禮盒」之中
是鬆軟濕潤的海綿蛋糕

用緞帶裝飾的盒形蛋糕，全都是透過造型由「草莓酥餅」變身而成。盒子表面是用紅色可可奶油製作花樣的白巧克力，緞帶的部分為糖人藝術。為了讓海綿蛋糕擁有濕潤的口感，淋上糖漿的方式將很重要。15cm四方、8200日圓。

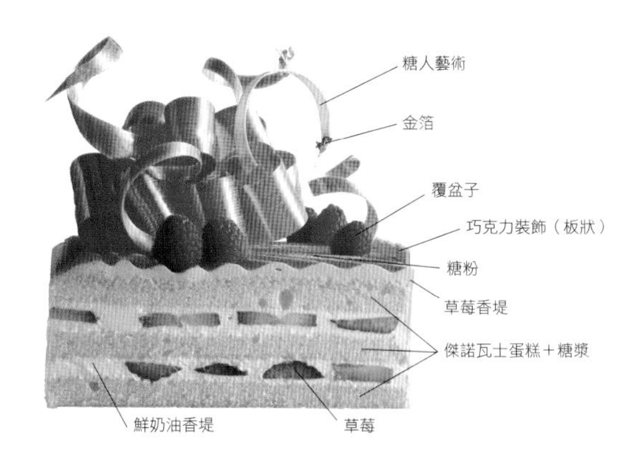

用白巧克力製作紅色巧克力板，在「常溫」之下凝固

1 隨意的將可可奶油塗在OPP膜上，放在常溫之下凝固。冷藏會在拿出後回到原本的狀態，在此並不合適。

2 將白巧克力薄薄的塗在可可奶油上，再次放置在常溫之中凝固。

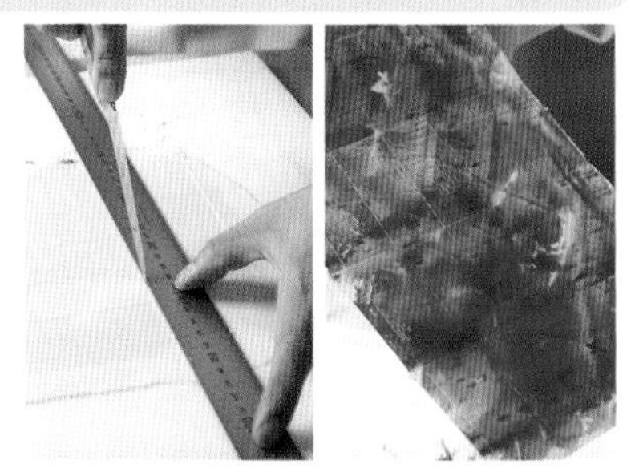

3 為了避免切到OPP膜，用刀子背面配合蛋糕高度來畫出刻痕，壓上重物以免翹起。

用噴霧器讓糖漿均勻的滲透，創造出口感濕潤的蛋糕體

1 將糖漿倒入噴霧器來噴到傑諾瓦士海綿蛋糕上。細微的霧狀糖漿會比用刷子塗上更容易滲入。

2 塗上鮮奶油香堤並放上草莓，在另一片蛋糕體也噴上糖漿，將糖漿的面朝下來疊在香堤上。

3 頂端的表面一樣噴上糖漿。讓所有的蛋糕體都含有糖漿的噴霧，成為濕潤的感覺。

將糖調整到適當的柔軟度之後，迅速製作成自己想要的形狀

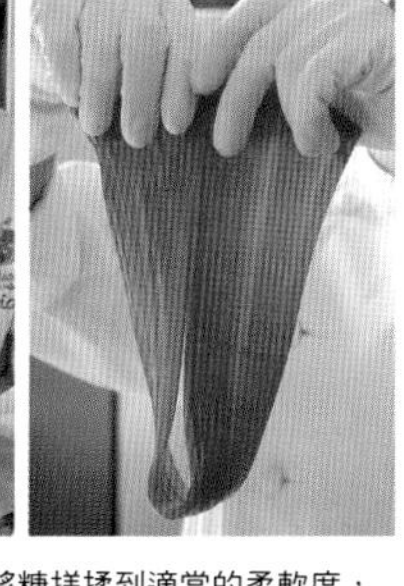

1 在拉糖燈下方將糖搓揉到適當的柔軟度，用拉麵條的感覺拉成2串3串，成為具有條狀花紋的板狀。

2 用刀子切成合適的寬度（緞帶的場合寬4～5cm、長10cm左右）。作業時也會持續變硬，必須迅速完成。

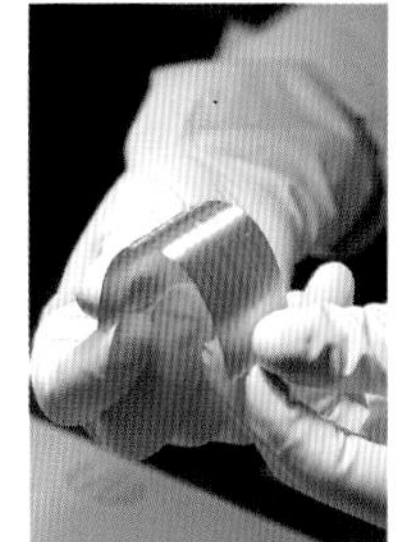
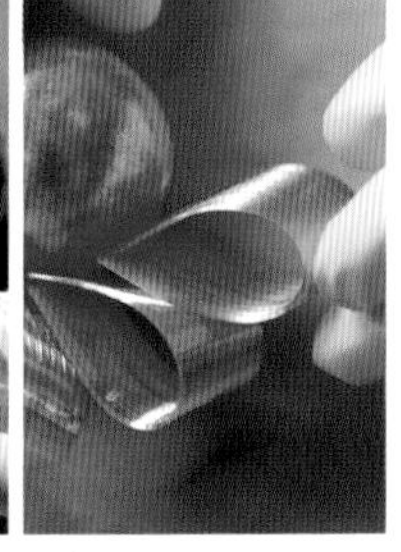

3 在拉糖燈下調整柔軟度，摺成緞帶的形狀。尾端用糖燈照軟之後貼到用糖所製造的球體上。用一樣的方法製作較細的緞帶。

巨蛋巧克力蛋糕

↓食譜參閱94頁

與充分的空氣混合來製作成輕盈的感覺
慕斯與麵體全都是巧克力的大型蛋糕

2種巧克力慕斯加上巧克力海綿蛋糕。一般來說巧克力甜點容易變得太過甜膩與厚重，因此讓慕斯跟空氣混合來創造出輕盈的感覺。酥脆的克莉斯汀果仁糖可以為口感增添一些色彩。直徑12cm的圓頂型、3000日圓。

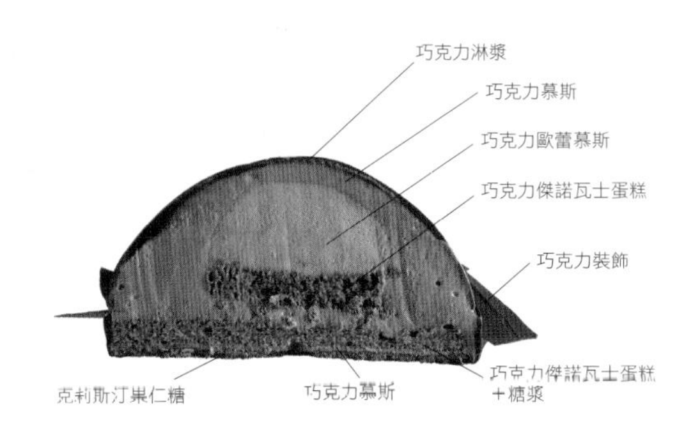

分別用打蛋器跟塑膠刮板進行攪拌，避免將氣泡壓破

1 製作巧克力歐蕾慕斯。將各種巧克力跟果仁糖分成兩次與炸彈糊混合。第一次用打蛋器，途中換成塑膠刮板。

2 將攪拌到發泡7分的生奶油加入一半，趁還處於大理石花紋時將剩下的生奶油加入。用塑膠刮板翻動底部來進行攪拌，讓空氣可以混入。

3 完成之後會是柔滑且顏色均一的狀態。開始作業時處於冰涼的溫度，完成後會是常溫（約30℃）的狀態。

和栗蒙布朗

↓食譜參閱95頁

用造型設計讓一成不變的蒙布朗得到獨特的個性
味道關鍵在於足以突顯和栗風味的生奶油

日本宮崎所出產的西鄉栗糊，味道有如剛煮好的生栗一般。要將這份新鮮感活用上的蛋糕，必須使用濃厚且少量的鮮奶油，以避免將栗子的味道蓋過。讓人聯想到花朵的外觀展現出強烈的個性。直徑12cm的圓頂、3700日圓。

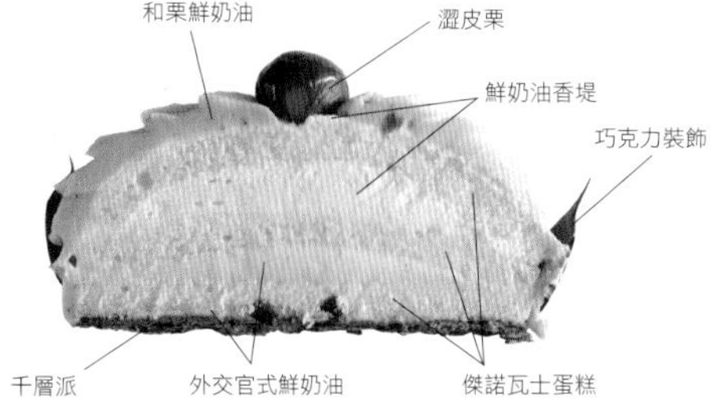

古典巧克力蛋糕

→食譜參閱95頁

優雅的造型
享受入口即化的濕潤口感

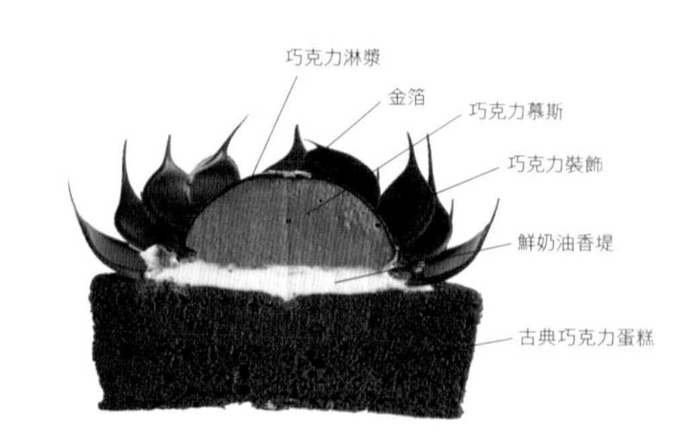

柔軟的蛋糕內含有甜巧克力跟奶油的芳香，跟慕斯一起被光滑的圓頂所包覆，用巧克力藝術裝飾出高尚的氣氛。蒸烤出來的濕潤麵體，可以讓人享受到豪華的風味。直徑12cm、4200日圓。

造型上的主角
為巧克力的裝飾。
用鹿背蛋糕模具製作曲線

1 在準備好的OPP膜擠上直徑約1cm的調溫過的甜巧克力，用抹刀壓扁。

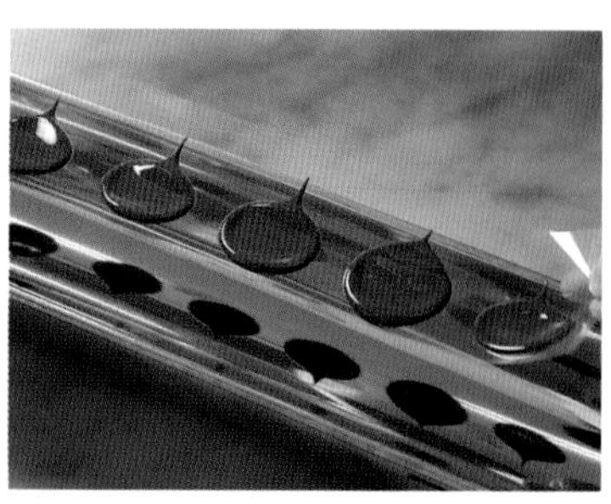

2 放到鹿背蛋糕模具內。順著蛋糕的弧度讓巧克力彎曲，製作成花瓣的造型。

3 在圓頂型巧克力慕斯的周圍擠上鮮奶油香堤，用鮮奶油香堤當作接著劑來將巧克力黏上。

紅

→食譜參閱96頁

外表淡黃，切割後出現鮮紅的慕斯
最適合紀念日的演出型蛋糕

聽到「Rouge」（紅）這個名稱，一般會聯想到全紅的蛋糕，但這道作品卻意外性的是以黃色為主。要切開之後才會看到紅色的內部，具有起士風味的草莓慕斯。用非日常性的演出手法，來呈現海綿蛋糕與慕斯這個人氣組合，最適合特殊場合的蛋糕。直徑15cm、6900日圓。

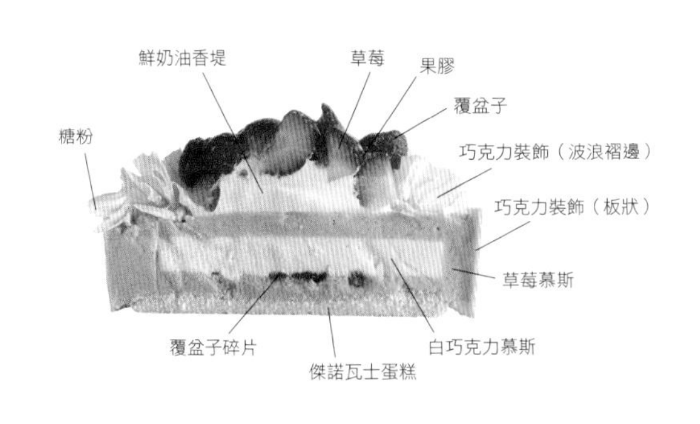

將草莓慕斯的起士跟果泥細心的混合，攪拌到柔滑的狀態

1 用打蛋器將起士打散，攪拌到柔滑之後將細砂糖跟果泥倒入混合。重點是在一開始就細心的打散。

2 將果泥一點一滴的加入，避免有塊狀物產生。將不同份量的材料加在一起時，在混合到某種程度之前，只能少量的加入。

3 完全混合之後加入柑曼怡、間接透過熱水溶化的明膠，細心的進行混合。

蛋糕店　五香

主廚點心師

齋藤由季
Yuki Saito

自小就以點心師為目標，從設有烹飪科的高中畢業之後，在東京・代官山的「Chez Lui」任職，爾後成為東京・大泉學園「PATISSERIE Planets」初期成員，在實務之中累積經驗。23歲前往法國，在蒙皮立的「Saveur Sucre Jardin de Sens」、李昂的「RENE MONTHERAT」學習傳統的法式甜點。約4年半之後歸國，在東京・銀座「PATISSERIE Mitsuwa」的創始成員之中負責主任一職，之後改在東京・自由丘的「Pairs S'eveille」持續鑽研技術。2011年3月3日本店開幕的同時被選拔成為主廚點心師而開始大展身手。在法國學習時，於創作巧克力跟「塔」的大賽之中取得冠軍，另外還獲得多數大獎。

東京都品川區南品川2-17-26 ASCII南品川Ⅲ 1樓
電話⋯⋯⋯03-5460-3382
營業時間⋯販賣：11點～20點（酒吧營業到22點）
咖啡廳：11點～18點
酒吧：二～六18點～23點（L.O. 22點）
公休日⋯⋯週一（遇到公定假日的場合隔天補休）
URL⋯⋯⋯http://www.cinq-e.jp

對於敬愛的傳統法式甜點的技巧跟味道表示尊重
用獨自的表現手法創造出符合時代潮流的甜點

充滿大眾化親切氣氛的東京都品川區的青物橫丁，順著舊東海道延路走著，眼光很自然的就會被一家蛋糕店用白跟巧克力色所佈置出來的摩登氣氛所吸引。

據了解，齋藤由季主廚非常熱愛傳統性的法式甜點，對於所有製作者跟推廣者非常的尊敬。蛋糕店五香剛開幕不久，主力商品必然是水果酥餅、巴黎式泡芙、大型蛋糕等日本較為熟悉的甜點，但也計劃增加傳統法式甜點跟區域性的甜點的數量，以此來增加知名度。齋藤主廚最擅長也最喜歡用濃厚的巧克力組合具有酸味的水果，特徵是紮實又成熟的製作方式。有效使用巧克力的蘭姆葡萄乾巧克力，就是非常受歡迎的作品之一。跟本店有著同樣名稱的巧克力蛋糕「Les Cinq Épices」也得到很高的評價。

大型蛋糕準備有水果酥餅跟每日替換等兩種。除此之外也接受訂購跟特製品的製作。

在主廚父親所製作的麵包桌上，有將近20種的硬麵包跟維也納甜點。

跟附近義大利料理的姊妹店所配合的外送服務深受好評。

招標商品的巧克力蛋糕（上）跟自家製的果醬（下）。

店內裝飾全都是主廚個人的物品，從法國帶回的巨大松果跟古董。

主廚引以為傲的烘焙式甜點15～20種。巴黎地圖加上父親製作的畫框為店內增添幾分古典的氣氛。

　拍攝／佐佐木雅久、後藤弘行（店內）

上／用黑與白兩種顏色來整合13坪大的賣場。裡側的咖啡廳在週二與週六夜晚可以當作酒吧來使用。
下／裝在玻璃杯內添上水果的薩瓦蘭、焦糖風味的修女泡芙等等，在傳統之中加入主廚自己特色的生鮮甜點，隨時都準備有20種左右。

Les Cinq Épices

櫻桃開心果巧克力蛋糕

↓食譜參閱96頁

用櫻桃來搭配
巧克力跟開心果兩種慕斯

巧克力蛋糕很容易變得太過甜膩，為了避免這點，用輕盈的慕斯來組合帶有酸味的櫻桃。另外在底部的無麵粉蛋糕體使用攪拌發泡的蛋白霜，但攪拌過度會容易分離，因此跟發泡七分的蛋白霜稍微混合即可。15cm、4000日圓。

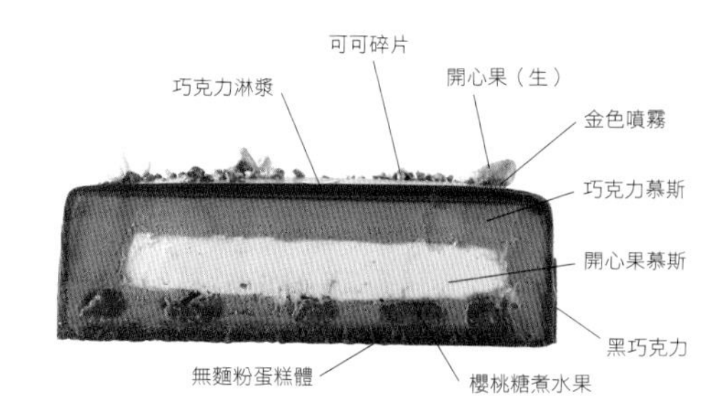

無麵粉蛋糕體的蛋白霜攪拌到發泡七分，輕微混合來避免氣泡消失

1 將杏仁粉跟蛋白、細砂糖混合時的指標，大約是握起來可以成為一球的狀態。

2 蛋白霜攪拌過度會成為分離狀態，無法跟其他材料均勻的混合，因此製作成發泡七分，舀起後尾端往下垂。

3 沒有使用粉類的麵糊，若是攪拌過度會不容易結合在一起。用鏟子翻動底部來進行攪拌，以免氣泡消失。

注意開心果慕斯每道工法的攪拌方式，來製作出柔滑的口感

1 將蛋黃與細砂糖混合，翻動底部攪拌，跟80℃的牛奶加在一起來煮成英式奶油。維持在小火以避免燒焦，用打蛋器一邊持續攪拌一邊煮到82℃。

2 一邊將容器泡在冰塊之中，一邊將英式奶油跟開心果糊混合。從盆的中心開始攪拌以避免空氣混入，要確實的進行乳化。

3 在開心果糊加上發泡七分的無糖鮮奶油，用從底部撈起的方式攪拌，以避免氣泡被壓破。口感好壞取決於攪拌方式。

活用電動打蛋器來讓巧克力慕斯乳化，桶狀容器可增加效率

1 用電動打蛋器將英式奶油攪拌到柔滑。將蛋加熱會出現不均勻的部分，很難用手攪拌均勻，必須活用電動打蛋器。

2 將巧克力倒入桶狀容器內，慢慢加上英式奶油來確實進行乳化。不確實乳化將無法得到柔滑的結果。

3 將3分之1的無糖奶油加到巧克力糊內，用電動打蛋器進行乳化，加上剩下的無糖鮮奶油並用刮板混合，成為發出光澤的柔滑狀態。

檸檬占度亞蛋糕

↓食譜參閱97頁

用檸檬鮮奶油爽朗又香甜的酸味
來突顯占度亞的濃郁

檸檬與占度亞，這兩者被主廚認為擁有最佳的配合度，同時也是她最熱愛的組合，由這兩者來擔任主角的一道蛋糕。巧克力有如香草一般的獨特芳香與檸檬的風味，給人非常強烈的印象。用來裝飾的迷你馬卡龍也得到可愛的評價。15cm、2520日圓。

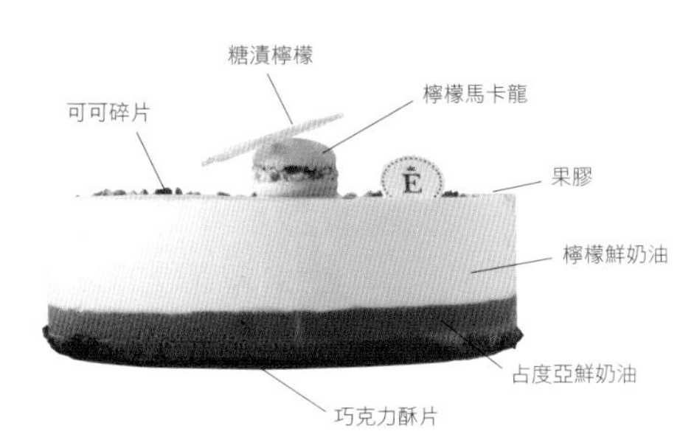

巧克力蘭姆葡萄乾蛋糕

↓食譜參閱98頁

追求入口即溶的柔軟奶油霜
與苦味一閃即逝的甘納許融合在一起

在李昂的巧克力專賣店工作時，偶然品嚐到的蘭姆葡萄乾跟果仁糖的蛋糕讓人印象深刻，於是以齋藤主廚的風格加以改良，並配上苦澀的甘納許。特徵是奶油霜的比例較高，給人的口感非常柔滑。12cm、1680日圓。

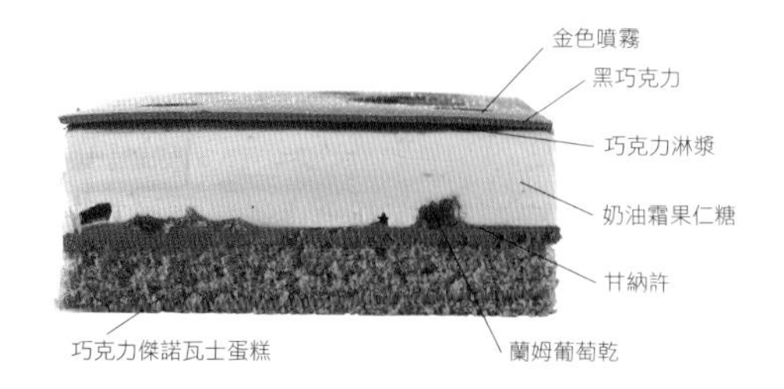

甘納許的重點在於讓巧克力跟牛奶確實乳化，但不可讓奶油融化

1 將容器泡到熱水讓可可含量75%與80%的苦巧克力融化，將煮沸的牛奶跟生奶油倒入混合。

2 圓筒形的容器比攪拌盆更不容易混入空氣，電動打蛋器也比較容易接觸到容器的底部，讓乳化可以更加確實。

3 奶油本身若是達到28℃會破壞乳化，形成顆粒狀的口感，必須將巧克力調整到不會讓奶油融化的溫度（30℃）。

溶漿朝聖餅

→食譜參閱99頁

用純白的溶漿來包覆杏仁蛋糕
充滿法國鄉土滋味的一道甜點

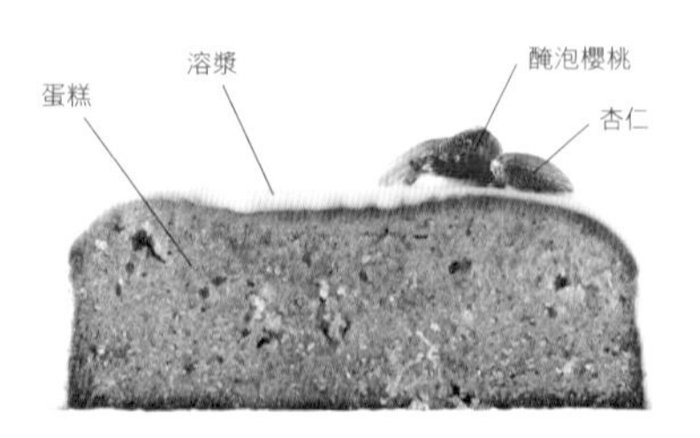

三王朝聖餅來自於法國的皮提菲爾地區，在此用溶漿把那充滿杏仁風味的麵體完全包覆起來。簡單的構造讓人可以直接享受到杏仁的芳香，用瓦倫西瓦品種的杏仁來跟其他品種混合，經過兩道工法研磨成粉狀，芳香與味道都特別的濃郁。12cm、1850日圓（參考價格）。

混合時避免發泡
來讓麵糊的質感均一，
成為細柔又濕潤的感覺

1 將蛋與杏仁粉混合在一起。用將麵糊壓擠在一起的感覺進行攪拌，如此將可成為濕潤的麵糊。

2 杏仁酒是採用香甜品種杏仁的義大利產力嬌酒，加上香草蘭豆莢來與麵糊混合，一口氣提高芳香。

3 在混合的蛋跟杏仁粉之中加入小麥粉（Type 55）。混入空氣的話會讓麵糊質感變粗、口感變差，所以透過用刮板壓扁的方式來進行攪拌。

巴黎布雷斯特蛋糕

↓食譜參閱99頁

烘烤成又硬又脆的泡芙皮
透過3種鮮奶油來讓味道產生變化

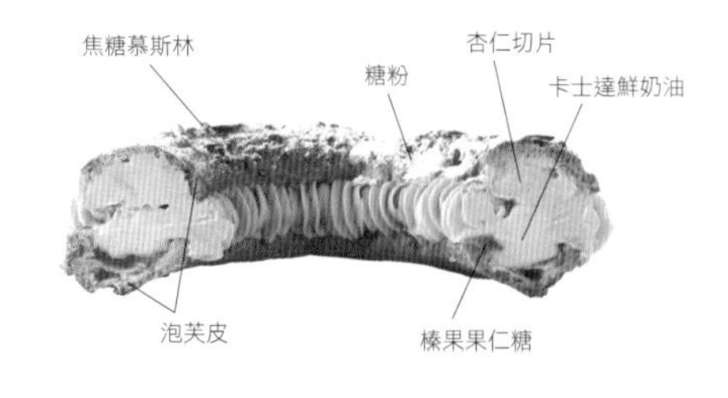

組合榛果果仁糖、卡士達鮮奶油、焦糖慕斯林等3種口味，讓人可以同時享受到堅果、卡士達、焦糖的美味。為了讓泡芙皮與鮮奶油取得均衡，烘烤出紮實的口感與芳香。12cm、1250日圓。

讓焦糖英式奶油確實乳化，散熱之後與奶油混合

1 將加熱到80℃的焦糖醬汁，跟與砂糖混合的蛋黃加在一起。用小火加熱，一邊持續攪拌來避免燒焦，一邊加熱到82℃。

2 用電動打蛋器使其乳化，柔和的結合並出現光澤即可。能否確實乳化，將直接影響到美味與外觀。

3 將乳化的焦糖英式奶油的容器泡到冰塊內來降溫到30℃，在攪拌盆內慢慢加入奶油，用低速的電動攪拌器來進行混合。

神戶之星

負責人兼主廚點心師

小田友彥
Tomohiko Oda

1966年出生於日本神戶。大學畢業之後於京都的蛋糕店、新神戶Oriental Hotel（現在的ANA Crown Plaza Hotel）的點心部門累積實務經驗，爾後前往法國學習。於國立點心學校就讀，歸國後回到老家的蛋糕店，現在繼續家業成為第二代老闆。

兵庫縣神戶市中央區北長狹通8-7-2 Humming Court 1F
電話⋯⋯⋯078-351-0147
營業時間⋯10點～20點
公休日⋯⋯週三
URL⋯⋯⋯無

平常時30份、某些日子甚至會賣出50份的大型蛋糕 與在地緊密相聯「日常性法式甜點」的蛋糕店

位於神戶．西元町商店街的「神戶之星」擁有跟小蛋糕分開，完全獨立的大型蛋糕展示櫃，裡面隨時準備有35種左右的大型蛋糕。每天平均賣出30份，多的時候甚至會50份都銷售一空。身為負責人的小田友彥主廚認為「跟市中心不同，大部分的顧客似乎都是為了買回去給家人」。平日購買的人較多，因此在製作時也會注重提拿上的方便性，選擇比較可以維持外觀的裝飾。

小田主廚製作點心的原點，是在法國所學到的cuite d'or（烘烤成金黃色的點心）。將每一顆每一粒的粉末確實烘焙，藉此引出材料所有的風味，創造出擁有美妙均衡的甜點。主廚對於大型蛋糕也是一樣講究，認為基礎蛋糕體代表著本店的個性。

高人氣的泡芙有「巴黎式泡芙」與「派式泡芙」2種。

味道濃郁的「鹹奶油蜂蜜蛋糕」是高人氣的長壽商品。使用材料為Echire奶油、卡馬格鹽、六甲山的蜂蜜等。

點心店講究「烘焙」的象徵．南蠻窯Backen。充滿讓人食指大動的香味。

茶點蛋糕的紙箱有「卡納蕾」與「巴斯克蛋糕」等。秋天則是鳴門金時的甜番薯麵包最有人氣。

以高評價的豪華奶油麵包為中心，另外還有主廚特製的奶油麵包。

法式甜點與「水果酥餅」「波士頓蛋糕」等上一代流傳下來的西洋甜點並排在一起。

 拍攝／藤本勝則

上／兩座展示櫃與麵包跟烘焙式甜點的櫃子，再過去則是烤箱。宛如在法國街坊所能看到的景象。
下／大型蛋糕與馬卡龍的展示櫃。隨時準備有15～20種大型蛋糕，賣出之後會馬上補充。考慮到先後購買的人，會拿出不同的種類。

粉紅小豬蜂蜜派

↓食譜參閱99頁

確實烘焙的派皮芳香
跟柔軟的蛋白霜形成對比

在出現苦味之前烘焙出派皮本身所擁有芳香，趁著剛烤好還熱騰騰的時候倒上草莓果汁。透過烘焙墊讓油分滴出，使果汁可以充分被吸收，形成濃郁的芳香。跟可愛的造型相反，派皮是給大人享用的類型，香濃的小豬蛋白霜受到小朋友們絕大的支持。12cm、650日圓。

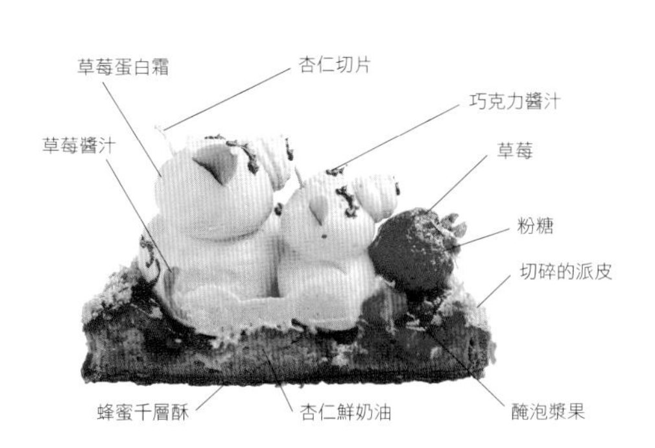

鋪上烘焙墊來進行烘烤，讓千層酥的油分可以適度的滴出

1 將尺寸比烘烤環（Ring）大上一號的蜂蜜千層酥麵團塞到環內，擠上杏仁鮮奶油。

2 在杏仁鮮奶油放上事先醃泡過的漿果，只使用果實的部分。醃泡用的醬汁稍後當作果汁來使用。

3 放到烤箱內。為了提高烘焙的成果，在烤盤鋪上烘焙墊，透過網狀結構來讓千層酥的油分滴出。

趁烘焙出來的千層酥還是燙的時候，噴上草莓果汁並塗上醬汁

1 使用南蠻窯Backen。麵團放進去之後，將風門關上烘烤20分鐘，將風門打開再烤25~30分鐘，關鍵是隨時進行調整。

2 確實烘焙到幾乎快要烤焦的地步。使用烘焙墊可以避免油分回到麵團內部，烘烤成乾燥的狀態。

3 趁熱噴上草莓果汁，接著塗上草莓醬汁來防止乾燥的同時，創造出濃郁的味道。

只要篩上糖粉來防止乾燥，蛋白霜也能進行冷凍，解凍時也先篩上糖粉再來加熱

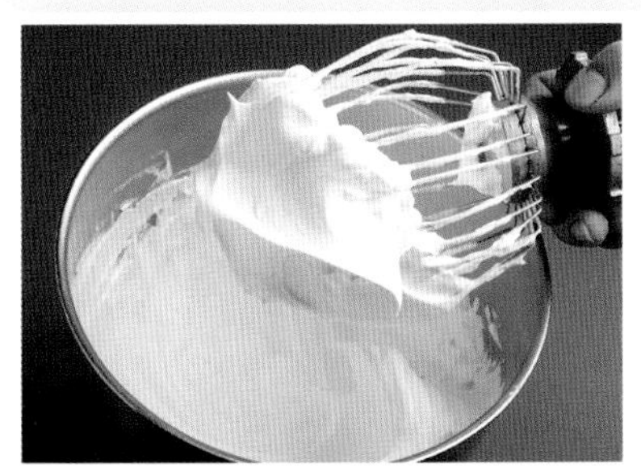

1 用來製作小豬的蛋白霜要充分攪拌發泡，到舀起也不會滴落的程度，然後用草莓粉來賦予顏色。

2 擠出小豬造型，可以用這個狀態來篩上糖粉，放到冰箱急速冷凍（蛋白霜在乾燥之後會萎縮，用糖粉來防止這點）。

3 解凍時先篩上糖粉，放到將風門關上的烤箱加熱3分鐘來進行解凍。最後用杏仁片做出耳朵，用巧克力醬畫出表情跟尾巴。

歐洲草莓蛋糕

→食譜參閱100頁

將歐洲草莓的風味製作成慕斯
身為不使用雞蛋的生日蛋糕而大受歡迎

歐洲草莓由法國出產，是酸味較強、水分較少的品種。把跟野生漿果較為接近的歐洲草莓製作成慕斯，來與牛奶風味的杏仁香堤組合，並在底部鋪上口感酥脆的巧克力。15cm、2400日圓。

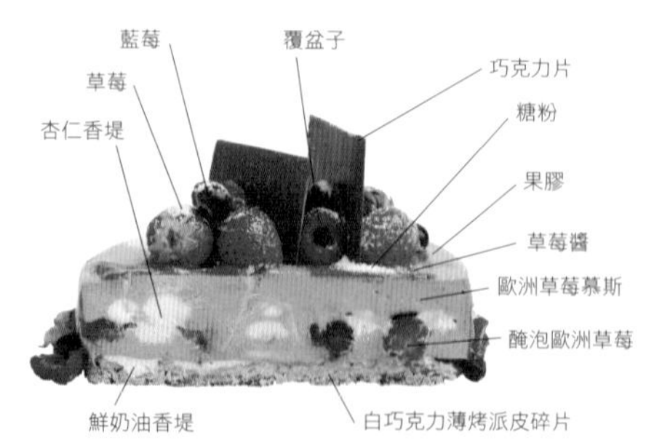

在淡粉紅色的歐洲草莓慕斯的表面塗上深色的草莓醬汁來畫出花紋

1 在底座的白巧克力薄烤派皮碎片塗上少量的鮮奶油，來與冷凍慕斯的部分進行接著。

2 用刷子在慕斯表面塗上草莓醬汁，自由的畫出模樣。另外還會塗上透明的果膠。

西洋梨黑巧克力岩漿蛋糕

↓食譜參閱100頁

外觀的重點為散發出光澤的淋漿
內部為西洋梨的芭芭露跟巧克力慕斯

Belle-Hélène（西洋梨黑巧克力岩漿蛋糕）的基本組合為西洋梨跟巧克力。小田主廚將西洋梨製作成芭芭露，並將Valrhona的巧克力製作成慕斯。這是在法國學習時，向發明這款蛋糕的MOF的帕特里斯本人親自學習到的作品。相當於12cm的心型、1500日圓。

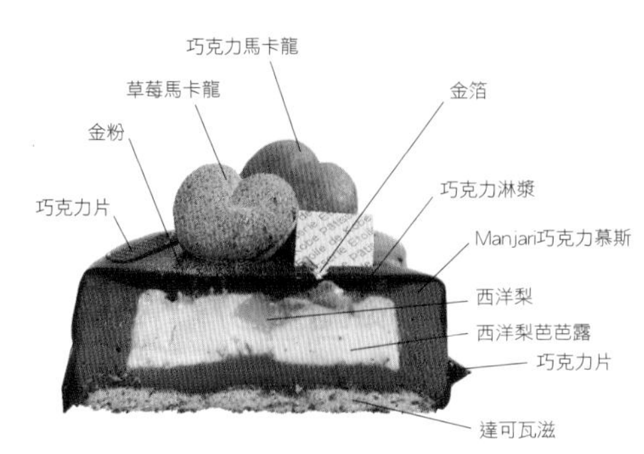

織女蛋糕

→食譜參閱101頁

咖啡口味的慕斯與鹹焦糖慕斯
跟香濃的牛軋糖組合讓男性也愛不釋手

用深紅色淋漿所創造出的鮮艷外表，加上鹹焦糖慕斯與香濃的牛軋糖。在「神戶之星」的各種蛋糕之中，擁有數一數二的成年情調與風味。可由店內少數人來完成的食譜也相當貴重。15cm三角型、2100日圓。

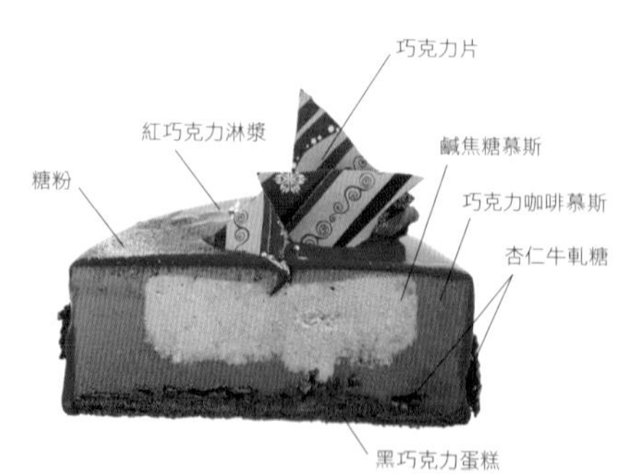

使用綜合粉可以簡單的製作牛軋糖

1 只要使用具有焦糖功能的綜合粉末「Knusper」，就能用堅果跟碎麵團簡單的製作牛軋糖。

將麵糊擠在烤盤上進行烘焙

1 用圓形花嘴將身為底座的黑巧克力麵糊擠到烤盤上進行烘焙。必須隨時用風門來調整溫度。

將與體溫差不多的淋漿一口氣倒下

1 把淋漿加熱到跟體溫差不多，這樣可以漂亮的流出，將蛋糕放在金屬架上並用抹刀來整理表面。

藍莓蛋糕

→食譜參閱102頁

使用穀粉的柔軟麵糊
跟濃稠的鮮奶油疊在一起形成新鮮感

從上到下都是藍莓的一道作品。輪流疊上藍莓達可瓦滋與慕斯林，用精簡的構造來讓人享受藍莓風味。將法式棉花糖擠成棒狀來當作裝飾，不論是外表還是口感都給人歡樂的感覺。12cm方塊、1200日圓。

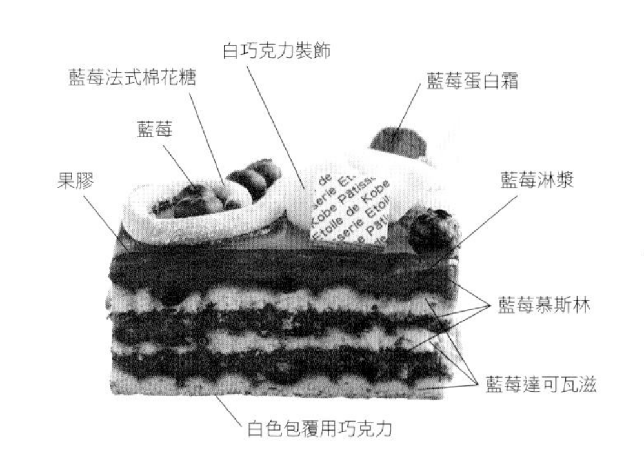

只要使用加工澱粉（Query）藍莓慕斯林也能進行冷凍

1 藍莓達可瓦滋的特徵是使用穀粉，來得到柔軟又具彈性的口感。

2 將達可瓦滋疊在口感姣好的藍莓慕斯林上。用刷子在最上層塗上淋漿。

Pâtisserie Chocolaterie Chant d'Oiseau

蛋糕店 巧克力專賣店 鳥之歌

負責人兼主廚點心師

村山太一
Taichi Murayama

1979年出生於日本埼玉縣。在埼玉．春日部「蛋糕店 Chene」學習之後，成為浦和「蛋糕店 Acacier」的創始成員之一，之後前往比利時，在「蛋糕店 Yasushi Sasaki」學習大約1年半的時間。歸國之後在2010年10月開設「鳥之歌」。

埼玉縣川口市幸町1-1-26
電話………048-255-2997
營業時間…10點～20點
公休日……週二
URL………無

以素材為重、目標是濃郁卻又爽朗日本人容易享用的蛋糕

曾經到比利時學習的村山主廚所追求的目標，是歐洲正統流傳的各種甜點。不過村山主廚同時也說「但絕對的前提是可以讓日本人打從心底覺得『好吃』」。為了達到這點，村山主廚總是盡可能表現出麵團的芳香、奶油的香濃、水果的甜與酸等等，特別以素材為重。另外也跟「爽朗不甜膩」等讓人容易食用的因素來進行組合，讓對於法式甜點感到敬而遠之的人也能輕鬆享用。

村山主廚同時也非常重視裝飾上的色彩與立體感。為了讓人站到展示櫃前面能夠有所感動，使用紅與黃等印象較強的顏色與大量的裝飾性巧克力，用優異的表現能力來進行演出。在比利時所學到的裝飾性巧克力可以創造出自由的造型，在視覺上創造出輕盈的效果。

平日準備有2種大型蛋糕，週末則是3～4種。除了普遍的「草莓香堤」之外，還會有季節性的作品。

用在比利時所學到的傳統技術所製作的巧克力夾心軟糖。準備有檸檬、薰衣草、柚子等10種左右，每一個約210日圓。

烘焙式甜點以費南雪金磚蛋糕、瑪德蓮蛋糕等普遍性商品為主，隨時準備有20種左右，以每一個170～220日圓的價位為中心。也有包裝精簡的禮品。

維也納甜點有使用大量發酵奶油的「牛角麵包」，約13種類型、180日圓等。

為展示櫃增添美麗色彩的馬卡龍是高人氣商品，準備有10種，每一個約210日圓。

 拍攝／佐佐木雅久

上／在33坪的店內面積之中，以深棕色為主的賣場佔9.5坪。入口正面為生鮮甜點跟巧克力的展示櫃。
下／在展示櫃下層隨時排放有20多種的小蛋糕。秋冬則會增加巧克力、焦糖、栗子系列的作品，隨著季節改變種類。

Chant d'Oiseau

反烤蘋果塔

↓食譜參閱103頁

確實遵守傳統甜點的基礎 並用現代的製法來加以改良

將事先焦糖化的蘋果製作成糖煮水果，放到烤好的塔皮上，這種製作方法除了可以提高作業效率之外，還能讓塔皮維持酥脆到相當一段時間。一邊遵守傳統食譜的基本，一邊用現代的技術加以改良。15cm、3300日圓。

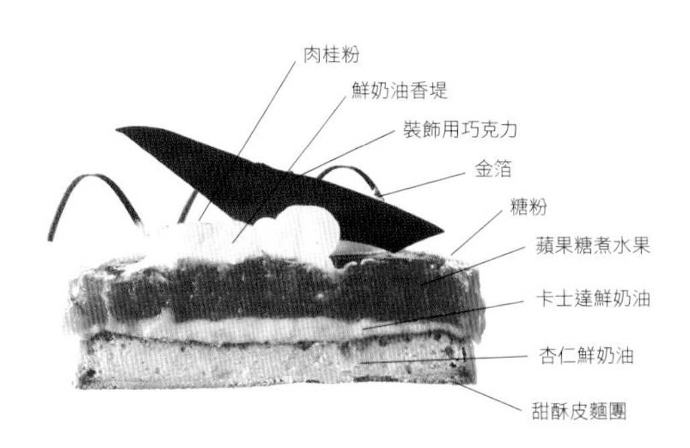

將蘋果製作成糖煮水果，有效完成前置作業

1 將細砂糖煮成焦糖狀之後把火關掉，等泡沫消失發出霹啪聲響時，將蘋果加入。

2 再次將火打開，攪拌時讓所有的蘋果都能均勻的讓糖所滲透。慢慢煮出蘋果的果汁。

3 將果膠分成2次加入。火勢太弱容易讓果膠產生塊狀物，因此用中火持續煮下去。

觀察濃稠的程度，來製作成不易變形的糖煮水果

1 顏色漸漸成型的蘋果糖煮水果。容易烤焦，煮的時候必須不斷進行攪拌。

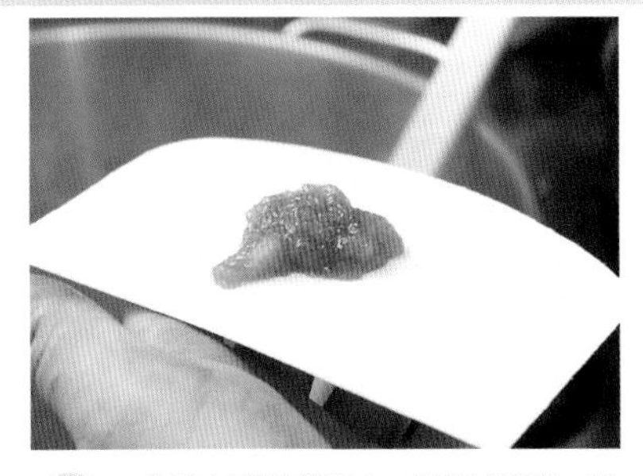

2 取出少量放在紙板上，放到冰箱散熱，若是表面幾乎被膜所包覆，就代表完成。

3 煮到糊狀可以在維持口感的同時又不容易變形，方便移動與作業，成為可以讓外觀維持不變的糖煮水果。

讓表面整體均衡的焦糖化，來發出厚實又美麗的光澤

1 第一次先均等的灑上紅砂糖，用噴槍掃過整個表面，來成為美麗的焦糖色。

2 第二次灑上紅砂糖，再次焦糖化。分成2次進行可以不用太過烤焦，且能創造出厚實的焦糖表面。

3 最後在整體灑上薄薄的一層糖粉，用噴槍輕輕烤到沒有燒焦的程度。以此增加糖膜的厚度，創造出美麗的光澤。

森林之福

↓食譜參閱103頁

充滿豪華感的榛果與鮮奶油
混入麵團之中來製作成蛋糕

用法文「Delicatess sous-bois」（森林的奢侈品）來命名，從上到下都充滿榛果的一道作品。將2種榛果麵團、奶油霜、巧克力甘納許疊在一起，中間灑上榛果碎片，透過榛果達可瓦滋的口感來去除甜膩的感覺。15cm、3300日圓。

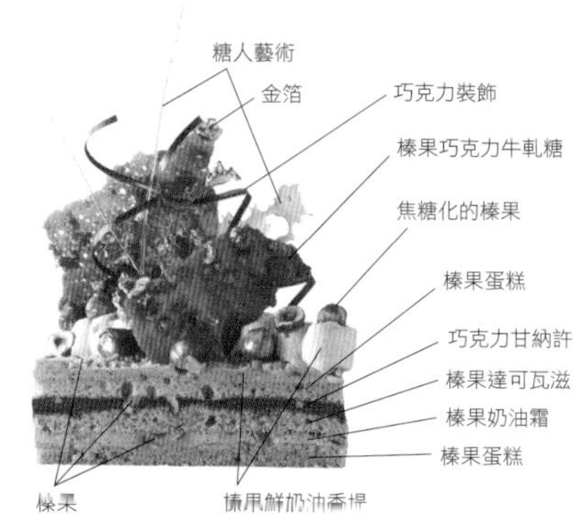

紀念蛋糕

→食譜參閱104頁

用紅砂糖製作出具有獨特風味的焦糖
讓巧克力慕斯的美味更加豐富

將最有人氣的一道小蛋糕升級成大型蛋糕的尺寸。將紅砂糖所製作的焦糖混入巧克力慕斯，組合酸酸甜甜的漿果糖煮水果。重現在比利時學習中所遭遇到的鮮紅噴霧蛋糕。15cm、3100日圓。

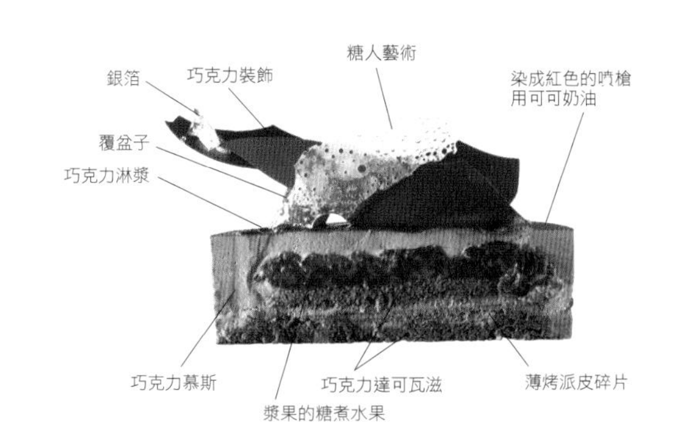

用紅砂糖所製作的焦糖必須注意燒焦的程度

1 用中火一邊攪拌一邊讓紅砂糖均等的融化。燒焦的速度比細砂糖要來得快，必須在融化之後馬上開始攪拌。

2 就算在融化之後開始變色，也還不會焦糖化。冒煙後經過1分鐘左右，整體會開始膨脹，接著開始冒出大量的煙霧。

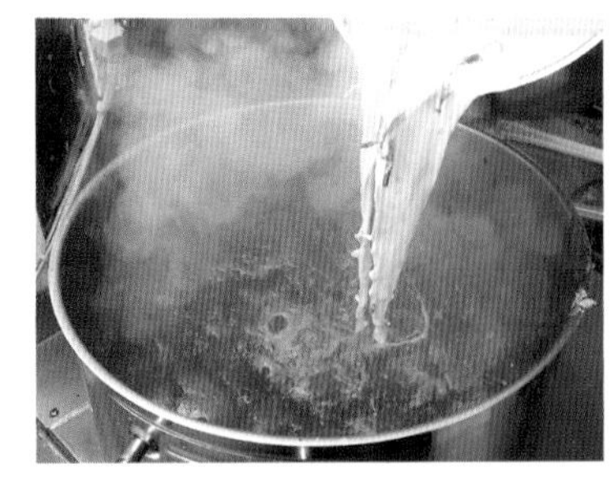

3 在煙霧開始增加之後間隔一次呼吸的時間，確實焦糖化之後再將生奶油與奶油加入，使焦糖化的進度停止。

溶漿巧克力蛋糕

→食譜參閱104頁

享受濃厚可可風味的甘納許
用蛋糕跟巧克力脆片來進行點綴

跟Valrhona・P125的巧克力進行混合，製作成散發出濃厚可可芳香與風味的甘納許，跟輕盈、口感良好的蛋糕交互重疊。底部鋪上混有榛果的巧克力脆片，增添酥脆的口感。15cm、3300日圓。

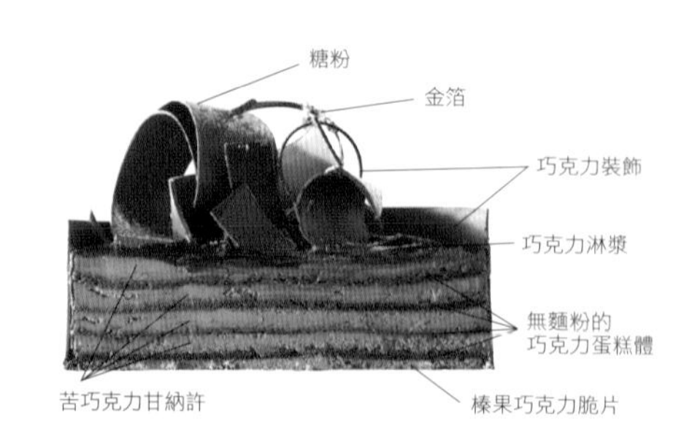

不進行調溫，使用冰冷的烤盤來製作裝飾用巧克力

1 放到冷凍庫讓烤盤充分的冷卻（負20℃左右）。將融化到45℃左右的甜巧克力倒上。

2 巧克力會瞬間凝固。趁光澤差不多要消失的時候，用刀子迅速切成條狀，馬上從烤盤拿下。

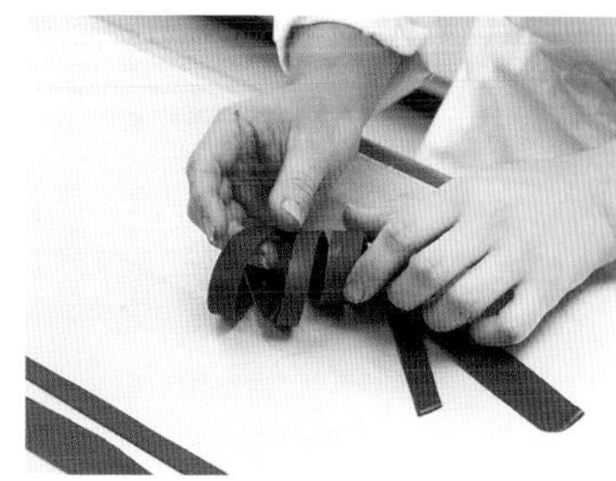

3 用手迅速做出造型。因為沒有調溫，熔點較低也較為柔軟，可以自由做出各種造型。香味跟口感也都很好。

綠紅蛋糕

→食譜參閱105頁

用濃厚的開心果與覆盆子
來創造銳利感，具有大人風味的蛋糕

用開心果蛋糕、鮮奶油慕斯林、覆盆子種子的合奏所製作，擁有4層構造的蛋糕。組合油脂較多的開心果與酸甜的覆盆子來得到銳利的感覺，濃厚卻不甜膩，可讓人輕鬆享用。是意識到大人口感的一道作品。15cm、3300日圓。

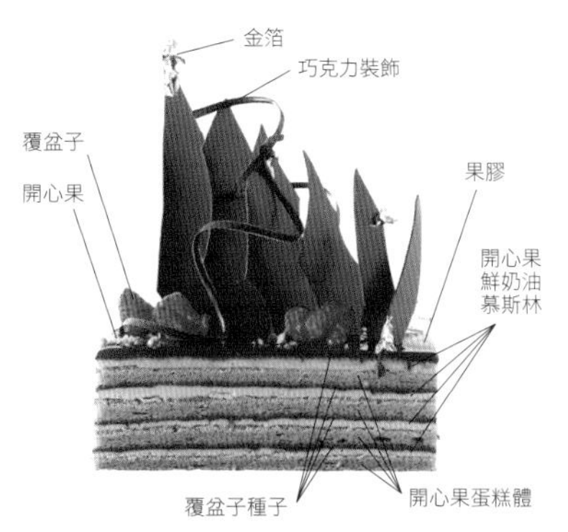

將覆盆子種子煮到適當的糖度不可燒焦

1 將覆盆子碎片跟細砂糖、檸檬汁放到鍋內，一邊混合來避免燒焦，一邊煮到適當的糖度。

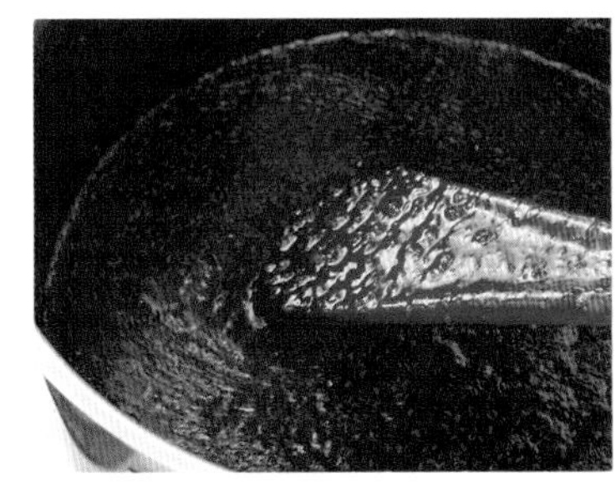

2 煮到糖度達到55brix為止。煮不夠會太稀，煮過頭會太濃，讓整體的味道失去均衡。

au temple du goût

美味的殿堂

負責人兼主廚點心師

細谷　寬
Hiroshi Hosoya

1967年出生於日本神戶市。在大阪、神戶的飯店之中學習，拜法國人德國人的主廚為師。2006年7月獨立，以現代跟古典的融合做為製作甜點的主題，就如同店名「美味的殿堂」所代表的涵意一般，以「美味所聚集的場所」為目標來製作甜點。

兵庫縣西宮市南鄉町7-12
電話⋯⋯⋯0798-71-7610
營業時間⋯10點～20點
公休日⋯⋯不定
URL⋯⋯⋯無

用飯店時代所培養的大型蛋糕技術
回應周遭客戶在派對上的需求

位於高級住宅區的西宮市夙川，擺有紅色沙發的寬廣店內、工作人員親切的應對、造型時髦的各種蛋糕等等，一切都以高格調來設計的空間給人無比的舒適感，以當地貴婦們為首，在女性之間有著高人氣。

身為負責人的細谷寬主廚為飯店出身，而飯店所使用的蛋糕主要都以大型為主。因此在這對於家庭派對用的蛋糕有很高需求的地區，正是可以一展所長的環境。對於大型蛋糕，主廚表示「就構成一個蛋糕的主要元素來看，要比小蛋糕更容易取得均衡」。而在各種要素之中，主廚最重視麵糊。就算材料相同，攪拌方式與時間分配只要有一丁點的差異，就會影響到完成度，讓蛋糕整體的品質下降。廚房會用仔細安排好的程序來進行作業，其正確性是維持店內各種甜點之優雅的關鍵。

大型蛋糕隨著時間帶準備有5～10份，造型與材料的種類非常豐富。也有許多客人會提出「其他人買不到的款式」等訂單。

人氣商品之一的年輪蛋糕，準備有「栗子年輪」等用季節性素材所製作的種類。

從精美設計的禮品包裝，到日常送禮的小型贈品全都種類齊全。

鹹焦糖、草莓、葡萄、白桃等大約12種的果醬。

烘焙式甜點的展示桌，從餅乾到蛋糕有30～40種，種類非常豐富。

起士塔有自然（840日圓～）與更為濃厚的戈爾根朱勒乾酪（1050日圓～）等2種。

 拍攝／東谷幸一

上／大門隨時處於開放狀態，就算進出的客人相遇也不會感到混雜。正面展示櫃的標語「仔細烘焙來使所有美味聚集於此」使人印象深刻。
下／小蛋糕以法式甜點為中心，有大約25種歐洲系列的作品。雖然會隨著季節來變化，但一定可以看到主廚最喜愛的「愛之泉」。

橘子焦糖蛋糕

↓食譜參閱105頁

巧克力跟橘子，用標準的組合
來享受巧克力多彩的風味

麵糊、慕斯、鮮奶油等各種材料全都使用不同種類的巧克力。細谷主廚在第一次品嚐到Valrhona的時候，就深深為這個品牌的巧克力所著迷。精簡的構造讓巧克力本身的魅力得以被充分展現出來。15cm、3045日圓。

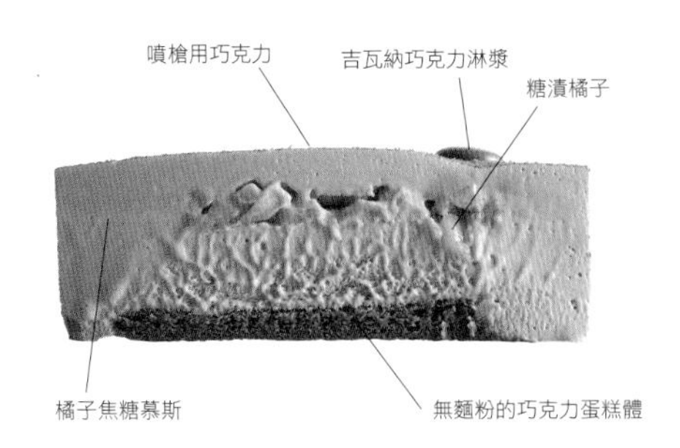

將無麵粉的麵糊製作成輕飄飄的感覺，來去除與鮮奶油之間的境界

1 將蛋黃與細砂糖打到較為鬆散的感覺，倒入融化到45℃的巧克力。用塑膠刮板從碗的底部確實攪拌。

2 加上發泡八～九分的蛋白霜來進行混合。注意不要攪拌過度而將空氣壓破。

3 將環型蛋糕模具放到鋪有烘焙墊的烤盤上，倒入麵糊並用抹刀整理乾淨。

調整橘子焦糖慕斯的溫度，創造舒適的口感

1 焦糖的香味若是太過強烈，將會妨礙到巧克力，因此煮到照片內的程度之後將生奶油倒入，來製作成焦糖溶液。

2 將蛋黃慢慢的加到焦糖溶液內，倒回鍋內煮成英式奶油，散熱到可以作業的溫度之後加上明膠。

3 在明膠溶化、散熱到80℃之後，透過濾網倒到巧克力上。

4 從打蛋器換成塑膠刮板，攪拌到柔滑為止。

5 散熱到40℃後將攪拌到發泡六分的生奶油加入，用打蛋器混合，途中換成塑膠刮板。為了提高在口中溶化時的口感，生奶油只要打到發泡六分即可。

6 生奶油若是太冰會讓巧克力產生塊狀物，要多加注意。確實攪拌，製作成可以柔滑往下流淌的狀態。

草莓蛋糕

↓食譜參閱106頁

注重蛋糕與鮮奶油的均衡
讓大眾化的蛋糕得到獨特的風格

特別注重麵體的細谷主廚所製作的草莓蛋糕，用輕盈飽滿的蛋糕來組合口感良好的奶油霜。用同樣的密度（輕盈感）來將麵體與鮮奶油混合，可以得到較為均衡的結果。另外還在麵糊中混入跟草莓非常容易搭配的開心果。11cm×13cm方塊、2415日圓。

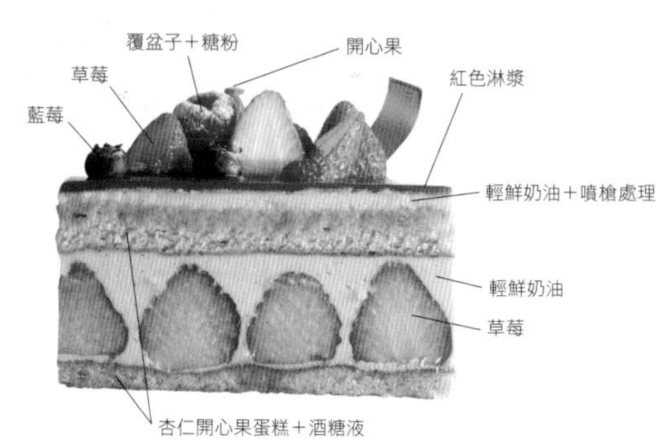

巧克力板蛋糕

→食譜參閱106頁

以板狀巧克力為設計主題
品嚐2種巧克力與紮實的麵體

Valrhona巧克力的MANJARI與GUANAJA，分別用這2種黑巧克力來製作不同的慕斯，並用薩赫蛋糕的麵糊來夾住。麵糊在製作時必須紮實，不可讓空氣混入。用跟堅果混合的牛奶巧克力鋪在底部，為口感增添一些色彩。11cm×15.5cm方塊、3045日圓。

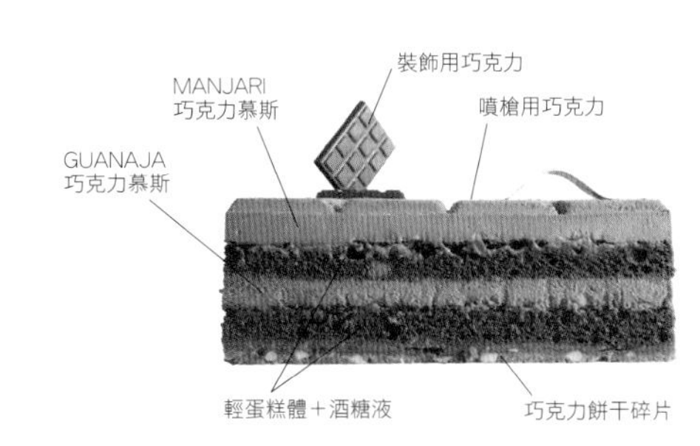

不混入氣泡的紮實麵糊，必須用塑膠刮板轉動混合

1 將蛋與杏仁糖粉加在一起攪拌發泡，與3分之1份量的蛋白霜迅速混合。切割一般的攪拌方式會讓空氣混入，必須用轉動塑膠刮板的方式來進行混合。

2 與融化的粉末混合之後，將剩下的蛋白霜重新攪拌倒入，在此一樣用轉動塑膠刮板的方式來翻動，混合到柔軟且散發出光澤為止。

3 將凝固板放到鋪有烘焙墊的烤盤上，倒入輕蛋糕體的麵糊，用抹刀使其均等的散開。

椰子開心果蛋糕

→食譜參閱107頁

品嚐椰子與開心果均衡的美味
適合夏天的爽朗點心風格

在椰子慕斯的中央塞入開心果慕斯，製作成夏日甜點風格的大型蛋糕。開心果慕斯會比較濃厚，因此減少份量來取得強度上的均衡，透過鳳梨的糖煮水果讓個性強烈的兩者得到調合。12cm、2310日圓。

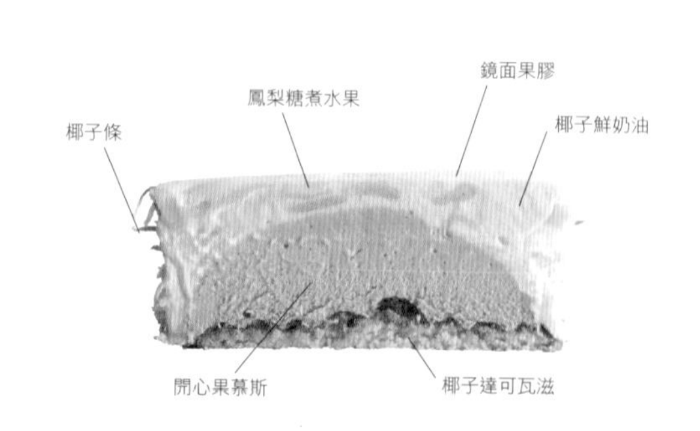

避免讓達可瓦滋過度混合，讓太多氣泡消失

1 用蛋白與細砂糖來製作蛋白霜。砂糖較少因此質感較為粗糙，但還是直接以這個狀態攪拌到發泡八～九分，慢慢混入少量的粉類。

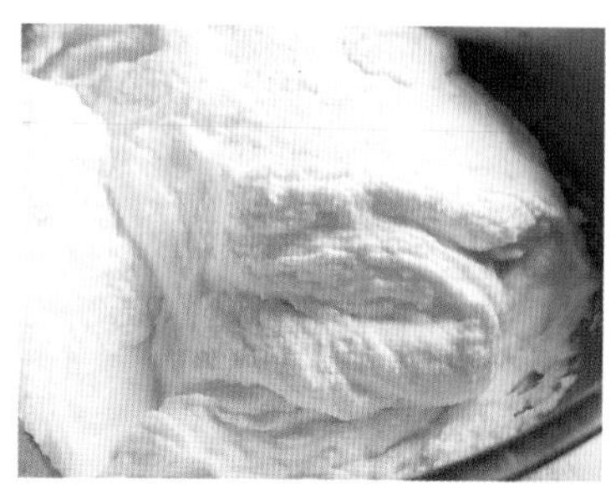

2 混合時注意不要攪拌過頭將氣泡壓破，稍微出現光澤即可拿來使用。

3 用圓形花嘴在烘焙墊擠上直徑11cm的漩渦狀，篩上糖粉進行烘烤。

草莓香檳蛋糕

↓食譜參閱107頁

將火辣的香檳製作成銳利的風味
外觀與口感都散發出成人的高格調

用英式奶油與蛋白霜來製作輕盈的慕斯，用海綿蛋糕來跟草莓慕斯輪流的夾住。在英式奶油之中使用火辣又爽朗的氣泡酒。草莓果泥的酸味也將成為很好的點綴。7.5cm×15cm方塊、2415日圓。

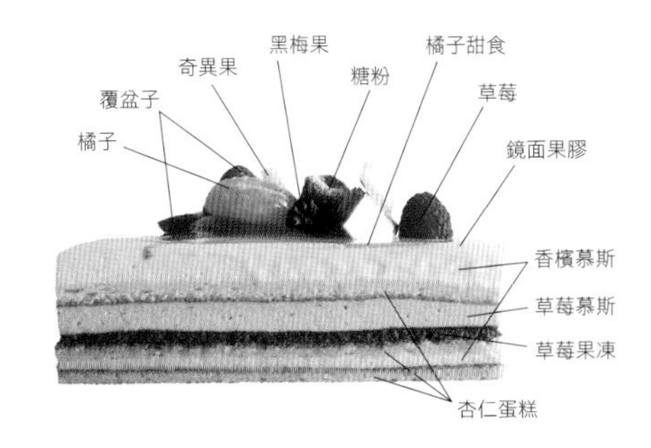

迅速的作業讓草莓慕斯得到鮮艷的色彩

1 用蛋白與糖漿來製作義式蛋白霜。一般會讓糖漿像絲線一樣慢慢流入，細谷主廚則是一口氣加入來順便進行殺菌，確實攪拌發泡。

2 將蛋白霜與發泡八分的生奶油混合，加上草莓果泥。只要將冷凍果泥迅速解凍，則可回復鮮艷的色彩。

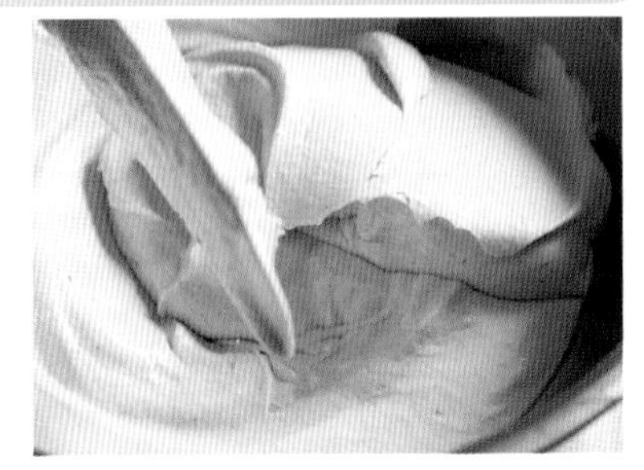

3 用打蛋器迅速混合之後，換成塑膠刮板，從碗的底部翻動來避免氣泡被壓破，在太過柔軟之前結束作業。

PÂTISSERIE Un Bateau

蛋糕店 船

負責人兼主廚點心師

松吉 亨
Toru Matsuyoshi

1972年出生於日本福井縣。畢業於大阪阿部的甜點專門學校、辻製菓技術研習所。在大阪的法式料理店「LE PONT DE CIEL」任職後，轉到神戶「RESTAURANT COMME-CHINOIS」系列的「FRUITIER COMME-CHINOIS」擔任6年的主廚點心師。2005年開設「蛋糕店 船」。

奈良縣生駒市東生駒月見町190-1
電話………0743-73-7228
營業時間…10點～20點
公休日……不定
URL………http://un-bateau.com/

製法精簡但卻經過深思熟慮
直接了當的表現出素材的美味

松吉亨主廚所開設的蛋糕店，位於大阪市中心30分鐘外的住宅地區內，展示櫃內各種大眾化法式甜點讓人熟悉的面孔，綻放出深思熟慮的設計所帶來的高尚品味。派、泡芙、餅乾等琳瑯滿目的堆放在店內架上，讓人感受到「不偏離基本，但又自由揮毫」這項主廚在製作甜點上所堅持的享受。

展示櫃內一般所準備的大型蛋糕有5～6份。特徵是除了用海綿蛋糕跟草莓所構成的一般裝飾性蛋糕之外，「蘋果蕃薯塔」「檸檬塔」等「日常性」的大型蛋糕也擠身進入標準商品之中。松吉亨主廚表示將來會漸漸將品目集中在塔這個領域，製作出來的每一種塔都會整理出明確的個性，用多彩多姿的表現手法來將蛋糕的美味呈現出來。

上層為大型蛋糕。隨著客人需求還可以製作巧克力蛋糕、戚風蛋糕、舒芙蕾、蒙布朗等多元的種類。

2台烤箱分工合作，想要烤出濕潤口感時會使用南蠻窯Backen。

組合水果與白蘭地蛋糕的烘焙甜點禮盒。

奶油酥餅、餅乾、蛋白霜等，隨時準備有18種左右的小餅乾。

烘焙專區。篩上杏仁粉來烘焙的「現烤泡芙」與塞滿卡士達鮮奶油的「鮮奶油派」擁有很高的人氣。

 拍攝／東谷幸一

上／包含主廚在內總共有4位工作人員，平日也會出現排隊的人潮，讓所有工作人員每天都必須全力以赴。
下／展示櫃隨時準備有大約18種的小蛋糕與4～6種的大型蛋糕，以及目前最受歡迎的「究極香草布丁」。

蘋果蕃薯塔

↓食譜參閱108頁

用確實烘焙的粉類芳香
與適量的鮮奶油來突顯出素材的個性

烘焙出來的美麗顏色讓人食指大動的一道作品。放到口中會發現內心期待的芳香擴散開來，跟表面果醬的酸味融合在一起。沒有任何多餘的糖分與鮮奶油，讓蘋果跟烤蕃薯可以散發出自然又濃郁的芳香，能夠用常溫攜帶，受到許多人的支持。12cm、1470日圓。

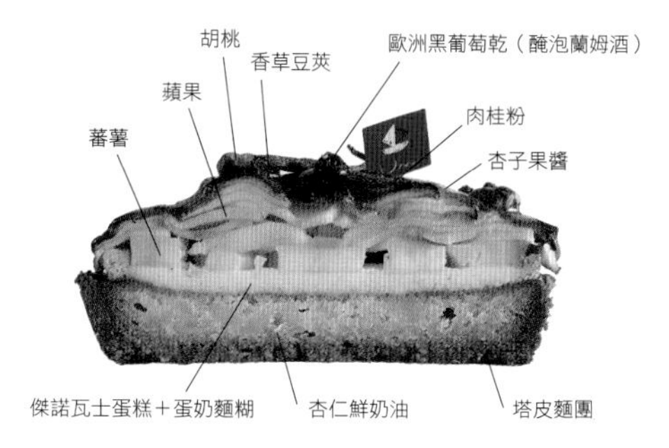

檸檬塔

↓食譜參閱109頁

用檸檬慕斯的柔軟與酥脆的派皮
來享受爽朗又輕盈的美味

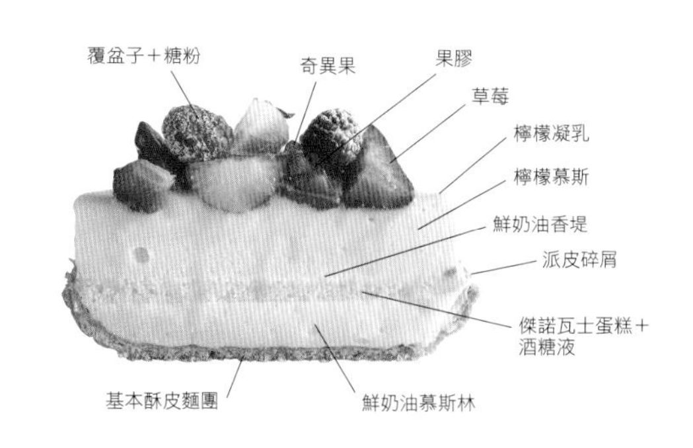

用松吉主廚最喜歡的派皮來當作容器，與檸檬慕斯跟鮮奶油慕斯林進行組合。麵團是3摺四次，擁有充分隙縫的基本酥皮麵團。輕盈的口感與具有酸味的檸檬慕斯非常搭配。12cm、2100日圓。

焦糖栗子蛋糕

↓食譜參閱110頁

疊上焦糖慕斯與鮮奶油香堤
用濃厚的組合來品嚐栗子的美味

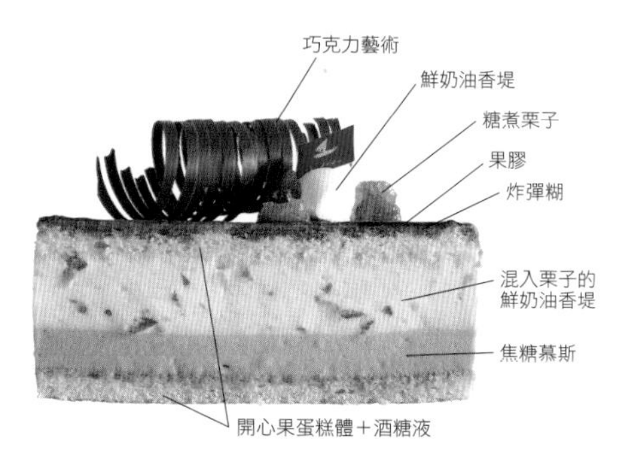

將蛋糕名稱之中的栗子糖煮過後切碎來隱藏到香堤之中，焦糖則製作成慕斯，用還留有酥脆口感的海綿蛋糕來將這兩位主角夾住。炸彈糊所烘烤出來的芳香也是重點之一。12cm方塊、2100日圓。

確實煮出顏色之後讓焦糖與熱的生奶油混合

1 將水跟細砂糖煮成照片之中的顏色。另外也同時將生奶油加熱。

2 將深棕色的焦糖與煮熱的生奶油混合。時間太長有可能會燒焦，準備生奶油的時間必須拿捏得恰到好處。

3 從鍋底進行攪拌的同時，將容器放到冰塊上來急速冷卻。一邊混合，一邊加入明膠來得到濃稠的感覺。

漿果起士布丁蛋糕

→食譜參閱110頁

將起士混合麵糊倒至填滿整個邊緣
烘烤成柔軟又具彈性的口感

對於使用櫻桃酒的混合麵糊來說，櫻桃是較為一般的選擇，這道作品則是在起士的混合麵糊之中使用3種漿果。溫度過低會往下沉，因此在塔內倒入大量的混合麵糊，烘烤成「柔軟但中央凝固」的狀態。15cm、3300日圓。

塗上蛋來避免混合麵糊外漏，倒至幾乎溢出的程度來進行烘焙

1 甜酥皮麵團在烤過之後若是出現洞跟裂縫，用生的麵團來補強。趁熱的時候仔細的塗上蛋漿。

2 在放有薄薄的傑諾瓦士蛋糕切片的塔內，倒入起士混合麵糊，並排上漿果類。

3 將混合麵糊倒至幾乎溢出的程度。只用上火來進行烘烤，以避免內部過熱。判斷標準是移動時表面稍微晃動的程度。

紅玉蘋果與橘子風味的奇布思特

→食譜參閱111頁

用塔一般的大型蛋糕
來享受擁有眾多愛好者的鮮奶油奇布思特

這道塔之中存在有許多要素，主角為使用橘子汁跟橘子糊來賦予風味跟芳香的鮮奶油奇布思特。用來搭配的是焦糖化的紅玉蘋果跟甜麵糊。造型清爽大方、優雅美麗。15cm、2400日圓。

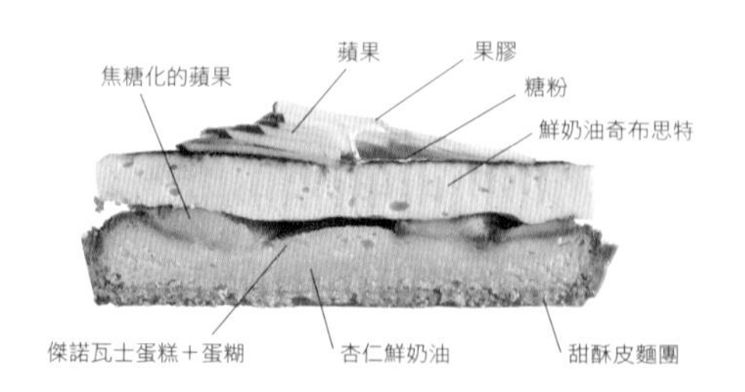

蘋果的焦糖化
在煮到約3成的時候停止
之後讓最後的烘烤來完成

1 細砂糖開始出現顏色之後將蘋果加入，用中火來使蘋果的水分蒸發。

2 表面變軟之後加蓋悶一小段時間，煮爛到大約3成的地步之後將蘋果從火移開。

3 將杏仁鮮奶油、傑諾瓦士蛋糕放到烘烤過的塔內，倒入蛋糊並將蘋果排上。

recette
食譜

使用須知

●材料、份量、製作方法皆依照各店家所使用的方法來進行標示，因此就算內容相同，也有可能出現不同的標示方法。
●份量標示為「適量」「適宜」的場合，請觀察作品的狀態並依照各人喜好來斟酌使用。
●材料表之中生奶油與牛奶的「%」代表乳脂含量，巧克力的「%」代表可可含量。
●檸檬、橘子等果實只使用外皮的場合，請選擇有機栽培並且沒有上蠟的品種。
●用浸泡明膠使其溶化的水，若是沒有特別指定，則從材料表之中省略。
●無鹽奶油的正式名稱為「沒有使用食鹽的奶油」，在此以用俗稱的「無鹽奶油」來進行標示。
●加熱、散熱、攪拌的時間等，以各個店家所使用的器材為前提。
●製作各種零件與部位以外的工法，包含組合在內，全都整理在<組合與修飾>之中。工法較少的場合，會連同各部位的製作方法在內，整合到<製作方法>之中。

RÉGNIÉ

點心店 萊新 長谷川享平

雛罌粟阿讓特伊蛋糕 照片參閱第4頁

※直徑15cm6份

<全麥餅乾底座>
全麥餅乾 220g
細砂糖 65g
無鹽奶油 135g
胡桃 110g

1 用食物調理機將全麥餅乾、細砂糖、胡桃處理成碎屑。
2 將奶油融化，一邊跟**1**混合一邊倒入。
3 放到直徑15cm的環型蛋糕模具內，用上火170℃、下火150℃烤10分鐘。

<草莓雛罌粟果凍>（4吋環型蛋糕模具6個）
整顆草莓（冷凍） 250g
細砂糖 50g
海藻糖 30g
草莓果泥 250g
檸檬汁 1/4顆
轉化糖 25g
板狀明膠 12g
雛罌粟（虞美人）油 2g

1 將整顆草莓與細砂糖、海藻糖加在一起煮到濃稠，散熱到可作業的溫度。
2 將**1**再次加熱，用攪拌機打成果泥狀。
3 將轉化糖、草莓果泥、溶化的明膠加到**2**使其溶化。
4 加上檸檬汁、雛罌粟油來進行冷卻。

<馬斯卡邦尼慕斯>（4吋環型蛋糕模具6個）
英式奶油
- 蛋黃 30g
- 細砂糖 30g
- 牛奶 60g

板狀明膠 50g
白巧克力（Opera公司的「Concerto」） 50g
馬斯卡邦尼乳酪 250g
35%生奶油 250g

1 將蛋黃、細砂糖、牛奶煮成英式奶油，加上溶化的明膠。
2 將融化的白巧克力慢慢加到**1**來進行乳化。
3 讓**2**散熱到42℃，加上馬斯卡邦尼乳酪。
4 將生奶油攪拌到發泡，跟**3**混合在一起。

<杏仁蛋糕體>（6份蛋糕用烤盤1片）
蛋（整顆） 156g
細砂糖 94g
杏仁粉 94g
蛋白霜
- 蛋白 250g
- 細砂糖 62g

低筋麵粉 62g
無鹽奶油 31g

1 將杏仁粉、細砂糖跟蛋（整顆）加在一起。
2 用另外一個碗將蛋白霜攪拌發泡。
3 將**1**跟**2**加在一起，加上低筋麵粉與無鹽奶油。
4 在烤盤上攤開，放到烤箱用上火215℃、下火150℃烤10分鐘。

<草莓、覆盆子慕斯>
草莓果泥 330g
覆盆子果泥 330g
轉化糖 66g
板狀明膠 17.6g
白巧克力（Opera公司的「Concerto」） 132g
35%生奶油 528g
野草莓鮮奶油（crème de Fraise des Bois／力嬌酒） 26.4g
檸檬汁 1/2顆

1 將草莓果泥、覆盆子果泥、轉化糖加在一起用火加熱，加上溶化的明膠。
2 將白巧克力慢慢加到**1**來進行乳化。
3 加上檸檬汁與力嬌酒來進行冷卻。
4 將生奶油攪拌發泡，跟**3**進行混合。

<組合與修飾>
開心果達可瓦滋（參閱82頁「征服者蛋糕」）／巧克力裝飾／覆盆子／百里香

1 將6分之一的草莓雛罌粟果凍倒到直徑12cm的環型蛋糕模具內，放到冰箱冷凍。
2 在1的表面倒上6分之1的馬斯卡邦尼慕斯，蓋上杏仁蛋糕體來放到冰箱冷凍。
3 在烤盤鋪上OPP膜並放上直徑15cm的環型蛋糕模具，倒入160g的草莓、覆盆子慕斯，冷卻凝固之後將2的蛋糕體的那面朝上來疊上，擠上草莓、覆盆子慕斯，最後蓋上全麥餅乾底座，放到冰箱冷凍凝固。
4 將開心果達可瓦滋切成波浪形貼到3的周圍，用草莓、覆盆子、百里香、染成紅色的花瓣形巧克力來進行裝飾。

阿里巴・拉斯皮納斯 照片參閱第6頁

＜杏仁巧克力蛋糕＞（6份蛋糕用烤盤9片）
杏仁粉 600g
細砂糖 933g
蛋（整顆）1350g
蛋黃 320g
低筋麵粉 400g
可可 300g
無鹽奶油 400g
蛋白霜｜蛋白 1350g
｜細砂糖 660g
｜乾燥蛋白 5g
｜寒天膠化劑 14g

1 將杏仁粉、細砂糖與蛋（整顆）、蛋黃加在一起攪拌發泡。
2 將蛋白與細砂糖、乾燥蛋白、寒天膠化劑製作成蛋白霜，跟1加在一起。
3 加上篩過的可可粉跟低筋麵粉，迅速的進行混合。
4 加上融化的奶油。
5 放到烤箱用上火180℃、下火150℃烤18分鐘。

＜巧克力慕斯＞（獨自的蛋糕模具8份＋圓頂形矽膠模8個）
牛奶（森永乳業）250g
35%生奶油**A**（森永乳業「大雪原」）250g
蛋黃 125g
細砂糖 100g
70%巧克力（Kaoka公司「Equateur」）600g
35%生奶油**B**（森永乳業「大雪原」）1000g

1 用火將牛奶、生奶油**A**加熱。
2 將蛋黃與細砂糖進行燙煮（Blanchir）處理，煮成英式奶油。
3 跟融化的巧克力加在一起進行乳化，溫度成為40℃時，跟用鮮奶油**B**攪拌發泡而成的無糖鮮奶油混合。

＜香蕉糊＞（直徑15cm的1份使用60g）
香蕉（厄瓜多出產、淨重）1000g
蜂蜜 200g
無鹽奶油（森永乳業）200g
力嬌酒（Dover公司「Diana Banana Cream」）適量

1 將切碎的香蕉放到銅鍋內，跟蜂蜜、奶油一起炒成糊狀。
2 跟力嬌酒加在一起，用圓形花嘴擠到10cm的碟狀矽膠模內。

＜椰子混合麵糊＞（直徑10cm的碟狀矽膠模8個）
馬斯卡邦尼乳酪（森永乳業「北海道馬斯卡邦尼乳酪」）200g
細砂糖 100g
蛋（整顆）4顆
椰奶 200g
35%生奶油（森永乳業「大雪原」）200g

1 將馬斯卡邦尼乳酪與細砂糖加在一起混合。
2 跟打散的蛋（整顆）混合，加上椰奶與生奶油來進行過濾（Passer）處理。
3 倒到擠入香蕉糊的模具內（香蕉糊製作方法中的2），在容器外的烤盤加水，放到烤箱用上火150℃、下火150℃的溫度烤18分鐘。

＜巧克力酥片＞（直徑15cm的環型蛋糕模具10個）
牛奶巧克力（森永商事「LAITLEVAGE」）225g
沙拉油 50g
切碎的榛果（烘焙）50g
爆米粒 100g
杏仁酥（森永商事）100g

1 將牛奶巧克力融化，倒入沙拉油，跟切碎的榛果、爆米粒、杏仁酥混合。放到鋪有OPP膜的環型蛋糕模具內冷卻凝固。

＜噴槍用巧克力＞
70%巧克力（Kaoka公司「Equateur」）300g
可可粉（迦納出產）150g

1 將巧克力與可可粉混合在一起。

＜椰子淋漿＞
35%生奶油（森永乳業「大雪原」）50g
白巧克力（Opera公司的「Concerto」）150g
修飾用果凍（森永商事「Ange Clair」）300g
馬利寶朗姆酒（椰子力嬌酒）50g
色素（黃）適量

1 將生奶油煮沸，倒到融化的巧克力內，跟修飾用果凍混合，加上力嬌酒與色素。

＜酒糖液＞
糖漿（17波美度）300g
蘭姆酒（BARDINET公司「NEGRITA」）100g

1 將所有材料混合在一起。

＜組合與修飾＞
馬卡龍（粉紅、綠、椰子粉）／香草棒

1 將巧克力慕斯倒到直徑15cm的圓頂矽膠模內，填滿一半。
2 放入香蕉糊與疊在一起烘焙的椰子混合麵糊。
3 將用直徑12cm的模具分割出來，經過浸泡糖漿（Imbiber）處理的杏仁巧克力蛋糕疊上。
4 將剩下的巧克力慕斯倒入。
5 疊上巧克力酥片之後冷卻凝固。
6 從模具中卸下，用噴槍將巧克力噴上，周圍貼上馬卡龍，在上方用椰子淋漿、馬卡龍、香草棒進行裝飾。

征服者蛋糕 照片參閱第7頁

※51cm×36cm×高4cm的凝固板2片

＜開心果蛋糕＞
（6份蛋糕用的烤盤6片、1片630g）
蛋（整顆）1000g
細砂糖 600g
開心果粉 300g
杏仁粉 300g
蛋白霜｜蛋白 800g
｜細砂糖 200g
低筋麵粉 400g
無鹽奶油（森永乳業）200g

1 將蛋（整顆）、細砂糖、開心果粉、杏仁粉加在一起攪拌。
2 將蛋白與細砂糖確實的攪拌發泡，製作成蛋白霜。
3 把1跟2加在一起，跟低筋麵粉混合，加上融化的奶油來進行攪拌。
4 倒到烤盤上，放到烤箱用上火210℃、下火150℃、下方插上鐵板的狀態烤10分鐘。

＜覆盆子果凍＞
（51cm×36cm×高4cm的凝固板2片）
碎覆盆子（DGF）750g
細砂糖 150g
海藻糖 90g
覆盆子果泥（Ponthie公司）500g
轉化糖（Lebbe公司）75g
板狀明膠（德國・Gold Extra）40g

1 用火將碎覆盆子與細砂糖、海藻糖加熱。
2 接著倒入覆盆子果膠與轉化糖、溶化的明膠，融化之後從火移開散熱。
3 溫度降到大約30℃之後倒到凝固板內。

＜果仁糖薄烤派皮碎片＞（1份使用200g）
牛奶巧克力（森永商事「LAITLEVAGE」）140g
榛果果仁糖 80g
薄烤派皮碎片 140g
切碎的榛果 60g

1 將榛果果仁糖跟融化的巧克力加在一起，接著加上薄烤派皮碎片與切碎的榛果。
2 將**1**攤到鋪上OPP膜的四角盆內使其分散。

＜征服者甘納許＞
（51cm×36cm×高4cm的凝固板2片）
35%生奶油（森永乳業「大雪原」）300g
轉化糖（Lebbe公司）30g
66%甜巧克力（森永商事「Conquistador」）300g
無鹽奶油（森永乳業）60g

1 用火將生奶油與轉化糖煮沸。
2 將甜巧克力跟**1**加在一起，成為40℃之後加上奶油，用電動打蛋器進行乳化。

＜巧克力慕斯＞（51cm×36cm×高4cm的凝固板2片）
阿拉伯膠糖漿 325g
蛋黃 200g
66%甜巧克力（森永商事「Conquistador」）800g
35%生奶油（森永乳業「大雪原」）1675g

1 將蛋黃打散，跟阿拉伯膠糖漿、融化的甜巧克力加在一起混合。
2 將生奶油攪拌到發泡八分，跟**1**加在一起混合。

＜開心果達可瓦滋＞（6份蛋糕用的烤盤1片）
蛋白霜｜蛋白 337g
｜細砂糖 110g
低筋麵粉 33g
糖粉 164g
杏仁粉 93g
開心果粉 93g

1 用蛋白、細砂糖來製作蛋白霜。
2 將篩過的糖粉跟**1**加在一起混合，攪拌均勻。
3 移到烤盤，放到烤箱用上火180℃、下火150℃烤20分鐘。

＜酒糖液＞
糖漿（17波美度）450g
櫻桃酒（3-Tannen公司「Kirschlikör」、Dover）150g

1 將糖漿與櫻桃酒加在一起混合。

＜組合與修飾＞
覆盆子／巧克力板／開心果

1 將覆盆子果凍倒到凝固板內。

在凝固板內均勻的攤開，製作成將近2mm的厚度

以碎掉的覆盆子為基礎來煮成果凍液，散熱到30℃左右的溫度。

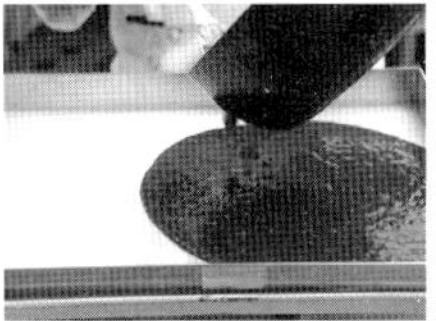
將凝固板放到鋪上OPP膜的烤盤上，靜靜的將果凍液倒入。

完成之後的厚度只有2mm，重點在於讓少量的果凍液均勻的擴散出去。用L型抹刀靜靜的往外塗抹。

2 將征服者甘納許倒到**1**的上面。
3 疊上開心果蛋糕體，進行浸泡糖漿的處理。
4 倒上巧克力慕斯。
5 疊上開心果蛋糕體，進行浸泡糖漿的處理。
6 倒上巧克力慕斯。
7 疊上開心果蛋糕體，進行浸泡糖漿的處理。
8 倒上巧克力慕斯。
9 灑上薄烤派皮碎片。
10 套上開心果達可瓦滋。
11 上下顛倒過來從凝固板卸下，切成10.2cm正方的方塊。
12 將2組重疊，用覆盆子、巧克力板、開心果進行裝飾。

櫻桃紫羅蘭蛋糕 照片參閱第8頁

※51cm×36cm×高4cm的凝固板1片

＜克里奧爾布朗尼＞（6份蛋糕用的烤盤1片）
細砂糖 100g
海藻糖 50g
黍砂糖 150g
杏仁粉（無皮）32g
蜂蜜 20g
蛋（整顆）240g
牛奶巧克力（森永商事「CREOLE」）168g
無鹽奶油 240g
可可粉 24g
低筋麵粉 72g
切碎的胡桃 144g

1 將細砂糖、海藻糖、黍砂糖、杏仁粉跟蛋（整顆）、蜂蜜加在一起進行攪拌。
2 將牛奶巧克力跟奶油融化來進行乳化，跟**1**加在一起混合。
3 跟事先篩過的低筋麵粉、可可粉加在一起混合。
4 加上胡桃。
5 倒到烤盤之後移到烤箱內，用上火170℃、下火150℃的溫度烤15分鐘。

＜覆盆子種子果醬＞
碎覆盆子 250g
海藻糖 50g
細砂糖**A** 50g
細砂糖**B** 25g
果膠 2.5g

1 用火將碎覆盆子、海藻糖、細砂糖**A**加熱，加上細砂糖**B**跟果膠，煮到剩下270g。

＜征服者巧克力慕斯＞
甜巧克力（森永商事「Conquistador」）400g
35%生奶油**A**（森永乳業「大雪原」）200g
35%生奶油**B**（森永乳業「大雪原」）600g

1 將生奶油**A**煮沸，加上甜巧克力使其融化來進行乳化。
2 將生奶油**B**攪拌成發泡八分的無糖鮮奶油，跟**1**加在一起混合。

＜櫻桃糖煮水果＞
酸櫻桃的果實 4號罐頭1罐（260g）
酸櫻桃糖漿 4號罐頭1罐（160g）
細砂糖 160g

1 將糖漿與細砂糖加在一起煮沸。
2 沸騰之後將酸櫻桃的果實加入，煮到冒泡之後將火關掉。
3 從火移開放置一個晚上，將水分去除之後切成細絲。

＜馬斯卡邦尼慕斯＞（51cm×36cm×高4cm的凝固板1片）
蛋黃 80g
糖漿｜細砂糖 100g
｜水 60g
板狀明膠（德國・Gold Extra）25g
馬斯卡邦尼乳酪（森永乳業）500g
35%生奶油（森永乳業「大雪原」）500g

1 用細砂糖跟水來製作糖漿，並加上蛋黃。
2 將溶化的明膠加到**1**，過濾後攪拌發泡。
3 將馬斯卡邦尼乳酪加到**2**。
4 將生奶油製作成發泡八分的無糖鮮奶油，跟**3**加在一起混合。

＜董花達可瓦滋＞（蛋糕6份用的烤盤1片）
蛋白霜｜蛋白 340g
　　　｜細砂糖 100g
　　　｜海藻糖 20g
　　　｜乾燥蛋白 2g
低筋麵粉 30g
糖粉 160g
可可粉 3g
杏仁粉 180g
董花香料 適量
紫色素 適量
紅色素 適量
切碎的開心果 10g

1 將蛋白、細砂糖、海藻糖、乾燥蛋白確實攪拌來製作成蛋白霜。
2 將董花香料與色素加到**1**。
3 將篩在一起的低筋麵粉、糖粉、可可粉、杏仁粉加到**2**來攪拌均勻。
4 攤到烤盤上，篩上開心果與糖粉。
5 放到烤盤上，移到烤箱用上火165℃、下火170℃的溫度烤20分鐘。

達可瓦滋的重點在於確實製作好的蛋白霜。
在邊緣塗上水會比較容易從凝固板卸下。

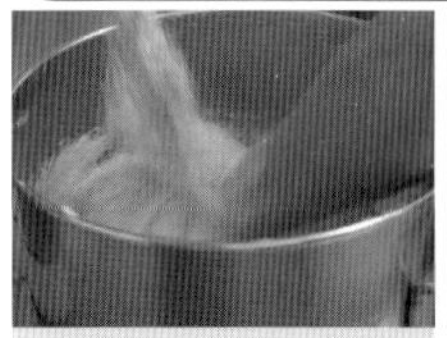
確實將蛋白霜進行攪拌，用香料與色素來賦予淡淡的顏色與香味。注意不可加得太多。將粉放入之後用手混合。

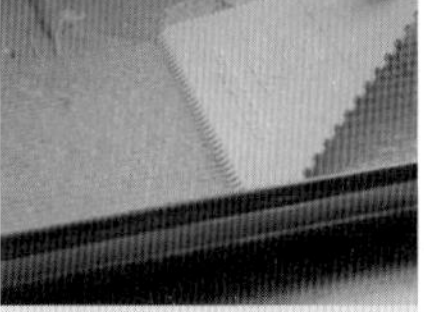
攤到鋪上紙的烤盤，用梳子畫出刻痕。
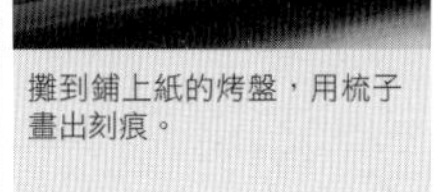

為了方便在調整結束後從凝固板卸下，放上在邊緣塗上水的環型蛋糕模具，篩上開心果跟糖粉（份量之外）。

＜組合與修飾＞
櫻桃／巧克力板／百里香／紫蘇花穗／糖粉

1 在克里奧爾布朗尼塗上覆盆子種子果醬，放上征服者巧克力慕斯，疊上馬斯卡邦尼慕斯並灑上櫻桃糖煮水果，最後疊上董花達可瓦滋。切成12.5cm×12.5cm的方塊。
2 篩上糖粉，放上櫻桃，在幾處放上用環型模具分割的巧克力片，用百里香跟紫蘇花穗進行裝飾。

中津川蒙布朗的大型蛋糕 御岳山

照片參閱第9頁

＜達可瓦滋＞（直徑12cm30份）
蛋白霜｜蛋白 1350g
　　　｜細砂糖 352g
　　　｜海藻糖 88g
低筋麵粉 135g
糖粉 670g
杏仁粉 750g

1 將蛋白、細砂糖、海藻糖攪拌成蛋白霜。
2 將篩在一起的粉類跟**1**加在一起攪拌均勻
3 擠到12cm的環型蛋糕模具內。
4 放到烤箱用上火180℃、下火150℃的溫度烤20分鐘。

＜黑糖蛋糕捲的麵糊＞（6份蛋糕用的烤盤1片）
蛋（整顆）125g
加糖蛋黃 125g
黑糖 90g
蛋白霜｜蛋白 285g
　　　｜黑糖 35g
　　　｜細砂糖 77.5g
　　　｜乾燥蛋白 2g
　　　｜寒天膠化劑 1.7g
低筋麵粉 100g
穀粉 35g
無鹽奶油 33g
牛奶 33g

1 將蛋（整顆）打散，把加糖蛋黃、黑糖加入來進行混合，加熱到體溫左右的溫度，確實攪拌發泡。
2 用蛋白霜的材料確實製作好蛋白霜，跟**1**加在一起。
3 將低筋麵粉與穀粉篩在一起，加到**2**來進行混合，慢慢加上溫熱的奶油與牛奶。
4 攤到烤盤上，移到烤箱內用上火190℃、下火150℃的溫度烤20分鐘。

＜杏仁蛋白霜＞（直徑5.8cm）
蛋白霜｜蛋白 1500g
　　　｜細砂糖**A**＋乾燥蛋白（適量）1200g
　　　｜寒天膠化劑 8g
細砂糖**B** 1200g
玉米粉 120g
煉乳粉 36g
杏仁粉（無皮）360g

1 將蛋白、加有乾燥蛋白的細砂糖**A**、寒天膠化劑放到攪拌機內，用中速進行攪拌。
2 將細砂糖**B**、玉米粉、煉乳粉、杏仁粉篩在一起混合。
3 在烤盤紙擠上直徑5.8cm的圓狀，放到烤箱用上火140℃、下火120℃烤30分鐘左右，結束後在還留有餘溫的烤箱內放置12小時。

＜外交官式鮮奶油＞
卡士達鮮奶油★ 62.5g
鮮奶油香堤 125g
蒙布朗糊 125g

1 將所有材料加在一起混合。

★卡士達鮮奶油的配方
牛奶 800g
濃縮牛奶 200g
香草棒 1/2根
蛋黃 240g
細砂糖 200g
鮮奶油粉 20g

＜組合與修飾＞
切碎的黃栗／澀皮煮栗／中津川蒙布朗糊（自家製）／鮮奶油香堤／餅乾／糖粉

1 將鮮奶油香堤塗到黑糖蛋糕的麵體上，灑上切碎的黃栗並捲成蛋糕捲，切成4.5cm的厚度。
2 在達可瓦滋擠上外交官式鮮奶油並放到**1**上面，周圍擠上外交官式鮮奶油並放上澀皮煮栗（剖成一半每份約12粒），上方一樣擠上外交官式鮮奶油，並疊上杏仁蛋白霜。
3 擠上鮮奶油香堤來將整體包覆，放到冰箱冷凍。
4 確實凝固之後在整體塗上蒙布朗糊，用抹刀來整理外觀。
5 周圍貼上餅乾，用糖粉來做最後的修飾。

Pâtisserie l'abricotier

蛋糕店 杏樹 佐藤正人

皮埃蒙特蛋糕 照片參閱第12頁

※直徑12cm5份

＜開心果的甜酥皮麵團＞
無鹽奶油 224g
糖粉 120g
鹽 3.2g
蛋（整顆） 64g
香草精華液 2.8g
杏仁粉 40g
低筋麵粉 320g
開心果（切絲） 適量

1 將蠟狀奶油、糖粉、鹽加在一起，翻動底部混合。
2 將蛋（整顆）與香草精華液混合，一邊分成幾次來加到**1**，一邊用電動打蛋器以低速混合。蛋攪拌到大約一半時將杏仁粉加入混合，確實的進行乳化。
3 將剩下的蛋分成兩次加入，確實的進行乳化。
4 篩上低筋麵粉，混合到粉的感覺消失為止。整理成一團之後用保鮮膜包住，放到冰箱冷藏一個晚上。
5 將**4**攤開成為2mm的厚度，切成3cm×2.5cm的長方形來排到烤盤上。在表面噴霧，放上開心果用對流加熱烤箱以180℃烤5分鐘。

＜榛果達可瓦滋＞（60cm×40cm的烤盤1片）
蛋白霜｜蛋白 375g
｜細砂糖 22.5g
糖粉 300g
榛果粉 300g

1 用攪拌機攪拌蛋白，發泡大約五分之後加上細砂糖，確實攪拌發泡來製作成硬的蛋白霜。
2 加上事先篩在一起的糖粉與榛果粉，混合時用塑膠刮板以切的方式攪拌，來避免將氣泡壓破。
3 均等的攤在鋪上烤盤紙的烤盤上，放到對流加熱烤箱用170℃的溫度烤25～27分鐘。烤好之後馬上將烤盤紙撕下。散熱到可以作業的溫度之後用直徑7cm與11cm的圓型模具分割。

＜餡料＞
細砂糖 100g
麥芽糖 40g
整顆杏仁、整顆榛果 各40g
整顆開心果 24g

1 用火將細砂糖跟麥芽糖加熱來製作成焦糖。從停止冒泡進入開始出現顏色的狀態後，馬上將火關掉，放入堅果來讓糖衣包住。
2 倒到烘焙墊上散熱，用刀子將堅果一顆一顆的切碎。

＜慕斯林＞
牛奶 665g
細砂糖 90g
蛋黃 125g
鮮奶油粉 65g
榛果糊、杏仁糊 各132g
無鹽奶油 350g
64%包覆用巧克力 150g
義式蛋白霜｜細砂糖 167.5g
｜水 約42g
｜蛋白 82.5g

1 將牛奶跟30g的細砂糖放到鍋內煮沸。
2 將蛋黃與60g的細砂糖加在一起，翻動底部攪拌到泛白，加上鮮奶油粉來進行混合。
3 將**1**慢慢的加到**2**，混合結束之後進行過濾，倒回鍋內再次用中火加熱。用木鏟持續混合來避免鍋底燒焦，濃稠之後倒到四角盆內，用Shock Freezer來急速冷凍。
4 將榛果糊、杏仁糊、蠟狀奶油加到攪拌盆內、用電動打蛋器以中高速攪拌發泡。
5 加到**3**來進行混合。分成二等分，其中一邊加入包覆用巧克力來進行混合，製作成2種基礎麵糊。
6 將細砂糖跟水加熱到117℃來製作成糖漿。將蛋白攪拌到發泡五分之後，一邊從碗的邊緣將糖漿慢慢倒下一邊攪拌發泡，確實製作成義式蛋白霜。
7 當**6**散熱到可以作業的溫度之後分成2等份，分別將2種基礎麵糊加入混合。

＜淋漿＞
牛奶 1250g
麥芽糖 100g
板狀明膠 10g
21.8%牛奶巧克力、金色（牛奶）包覆用巧克力 各300g

1 將牛奶跟麥芽糖煮沸之後把火關掉，加上泡軟的明膠來進行混合，加上牛奶巧克力與包覆用巧克力，混合之後過濾。

＜組合與修飾＞
白巧克力與牛奶巧克力的裝飾性巧克力藝術★／緞帶狀的巧克力裝飾物／杏仁／榛果／開心果／金箔

1 在烘焙墊放上直徑12cm環型蛋糕模具，擠上榛果慕斯林來填滿4分之1的高度，用湯匙將側面推起。
2 在中央放上直徑7cm的榛果達可瓦滋，擠上榛果慕斯林來將上方與環型蛋糕模具的縫隙填滿，放到冰箱冷凍凝固。
3 將餡料均等的排在**2**的表面上，擠上巧克力慕斯林來將環型蛋糕模具填滿。蓋上直徑11cm的榛果達可瓦滋，放到冰箱冷凍。
4 讓榛果達可瓦滋的那面朝下，來從環型蛋糕模具中卸下。倒上淋漿，將甜酥皮麵團貼到側面，另外用甜酥皮麵團、裝飾用巧克力、杏仁、榛果、開心果、金箔在表面進行裝飾。

★白巧克力與牛奶巧克力的裝飾性巧克力藝術
白巧克力、21.8%牛奶巧克力 適量

1 將尺寸跟烤盤差不多的大理石板放到冷凍庫確實的冷卻。
2 將白巧克力融化到40℃、牛奶巧克力融化到45℃，輪流倒到**1**上面，用抹刀薄薄的延伸出去。
3 馬上剝下來切成喜歡的大小，並用手摺成喜歡的形狀。

維爾吉香檳蛋糕 照片參閱第14頁

※直徑15cm6份

＜香檳慕斯＞
香檳 276g
細砂糖 135g
檸檬汁 18g
蛋黃 180g
板狀明膠 5g
35%生奶油 600g

1 將香檳、67.5g的細砂糖、檸檬汁倒到鍋內煮沸。
2 將蛋黃與67.5g的細砂糖加在一起，翻動底部攪拌到泛白為止。加到**1**來進行混合，倒回鍋內再次加熱到83℃，將火關掉之後加上泡軟的明膠來進行混合、過濾。
3 將容器放到冰塊上，散熱到可作業的溫度後，跟發泡九分的生奶油混合。

＜杏仁開心果餅乾＞（60cm×40cm的烤盤1片）
杏仁麵糊 450g
開心果糊 120g
糖粉 550g
蛋黃 320g
蛋（整顆） 240g

蛋白霜 | 蛋白 600g
細砂糖 150g
低筋麵粉 380g
無鹽奶油 150g

1 用中速的電動攪拌器將杏仁麵糊、開心果糊、糖粉混合在一起。
2 將打散之後混合在一起的蛋（整顆）與蛋黃加熱到跟體溫差不多的溫度，一邊分成幾次來加到**1**一邊進行攪拌。蛋全部加入之後用高速攪拌，發泡到最硬的程度之後改成中速，持續攪拌到泛白為止。
3 將蛋白與細砂糖攪拌發泡，確實製作成蛋白霜。將蛋白霜的一部分加到**2**，稍微混合之後倒回剩下的蛋白霜內，一邊加入篩過的低筋麵粉一邊進行攪拌。
4 將**3**的一部分跟奶油混合在一起，攪拌均勻之後倒回到**3**。用從底部撈起的方式攪拌，製作成具有光澤的麵糊。
5 攤到鋪上烤盤紙的烤盤上，放到平式烤箱用上火170℃、下火150℃的溫度烤58分鐘。散熱到可以作業的程度之後，用直徑5cm與12cm的圓型模具分割。

<混有果實的黑加侖慕斯>
黑加侖果泥 96g
細砂糖 63g
黑加侖力嬌酒 4.8g
板狀明膠 3.5g
35%生奶油 96g
黑加侖 適量

1 讓黑加侖果泥退冰到常溫，加上細砂糖、黑加侖力嬌酒、將容器泡到熱水來融化的明膠進行混合。
2 跟攪拌到發泡七分的生奶油加在一起，分別擠出直徑7cm與12cm、高7mm的大小。各自灑上適量的黑加侖，放到冰箱冷凍凝固。

<開心果布丁>
35%生奶油 120g
牛奶 78g
細砂糖 42g
蛋黃 48g
開心果糊 15.6g

1 將生奶油、牛奶、21g的細砂糖加熱到60℃。
2 將蛋黃、開心果糊、21g的細砂糖加在一起、翻動底部攪拌，跟**1**混合之後過濾。倒到直徑7.5cm的模具內，用對流加熱烤箱以130℃的溫度，一邊灌入蒸氣一邊烤6～7分鐘。

<開心果酥片>
低筋麵粉、杏仁粉、細砂糖、無鹽奶油 各100g
開心果糊 40g
噴槍用巧克力 | 白巧克力（包覆用） 適量
可可粉、綠色的食用色素 適量

1 將量好的材料全部放到冰箱冷藏保管。特別是奶油，一定要確實冰過。放到食物處理機確實混合之後再次冷藏。
2 用刀子切割成塊狀，然後用手搓揉成鬆散的狀態。在烘焙墊放上直徑15cm的環型蛋糕模具，將酥片均等的鋪上，放到平式烤箱用170℃的溫度烤7～8分鐘。從模具卸下，散熱到可以作業的溫度。
3 將等量的白巧克力與可可粉融化，跟色素進行混合之後噴在**2**的表面。

用開心果酥片鬆脆的口感
來為柔滑的慕斯跟果凍添加變化

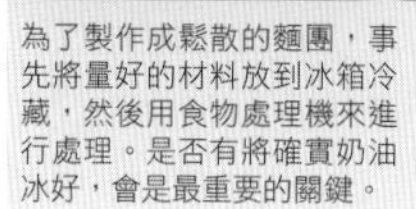
為了製作成鬆散的麵團，事先將量好的材料放到冰箱冷藏，然後用食物處理機來進行處理。是否有將確實奶油冰好，會是最重要的關鍵。

用手長時間觸摸會讓奶油融化，是必須特別注意的一點。為了防止這點，冷藏之後用刀子切成大塊，再用手迅速搓碎。

麵團處於非常容易散開的狀態，必須塞到環型蛋糕模具內來進行烘焙。烤好之後用噴槍來噴成開心果的綠色。

<組合與修飾>
混有色素的可可粉（紫紅色）／透明鏡面果膠／草莓／藍莓／覆盆子／黑梅果／紅加侖／紫紅色緞帶狀的巧克力裝飾（細）

1 將香檳慕斯擠到直徑15cm的圓頂型模具內，用湯匙往模具的側面推出。
2 在中央放上直徑5cm的杏仁開心果餅乾，擠上香檳慕斯。疊上直徑7cm的黑加侖慕斯、香檳慕斯、直徑12cm的黑加侖慕斯，最後擠上香檳慕斯來將整個模具填滿，並蓋上直徑12cm的杏仁開心果餅乾。
3 從模具中卸下，用噴槍在表面噴上紫紅色的可可粉並塗上果膠，用水果跟裝飾用的巧克力進行裝飾。放到開心果酥片上。

西洋梨樹蛋糕 照片參閱第15頁

※直徑12cm5份

<無花果杏仁鮮奶油>（60cm×40cm的凝固板1片）
乾燥無花果 375g
蛋（整顆）140g
蛋黃 42g
香草精華液 4g
無鹽奶油 418g
糖粉 334g
脫脂奶粉 42g
35%生奶油 17g
杏仁粉 502g

1 乾燥無花果在使用的前一天事先泡水，擦乾之後放到食物處理機來處理成糊狀。
2 將蛋（整顆）與蛋黃加在一起打散，跟香草精華液進行混合。
3 將蠟狀的奶油放到攪拌盆內，一邊用糖粉、脫脂奶粉、**2**、生奶油、杏仁粉的順序加入，一邊用電動攪拌機以中速攪拌到柔滑為止。
4 把**1**加上，用電動攪拌器以中速確實攪拌發泡。
5 將烘焙墊鋪到烤盤，放上凝固板之後把**4**倒入。
6 用鑲在凝固板內的狀態來放到平式烤箱內，用170℃的溫度烤到出現淺淺的金黃色（約5～6分）。烤好之後放到網架上散熱。

<焦糖甘納許>
焦糖鮮奶油（完成的份量之中使用208g）
| 細砂糖 200g
| 35%生奶油 200g
35%生奶油 287g
轉化糖 43g
64%包覆用巧克力 450g
無鹽奶油 40g

1 製作焦糖鮮奶油。開火將細砂糖加熱，成為適度的膠糖狀之後把火關掉。一邊將煮沸的生奶油慢慢加入一邊攪拌混合，完成後進行過濾。
2 將生奶油跟轉化糖煮沸，倒入包覆用巧克力來進行混合，用電動打蛋器來進行乳化。溫度降到30℃之後，加上蠟狀奶油並用電動打蛋器進行乳化，接著加上**1**的焦糖生奶油，再次用電動打蛋器進行乳化。

<糖化的西洋梨>
西洋梨（生）1顆
細砂糖 100g
紅砂糖 30g
無鹽奶油 70g
威廉梨（Poire Williams） 30g

1 將西洋梨的外皮剝掉並將種子去除，切成1.3cm的方塊。
2 將細砂糖、紅砂糖、奶油放到鍋內開火加熱。當奶油融化跟砂糖混合成糖漿狀之後把**1**加入。用中火進行加熱，在鍋內攪拌讓**1**被糖衣包覆。
3 糖漿出現濃稠的感覺時，灑上力嬌酒來進行火烤。倒到四角盆內，用Shock Freezer急速冷凍之後進行冷藏。

<西洋梨芭芭露>
蛋黃 204.5g
細砂糖 50.5g
脫脂奶粉 47.2g
西洋梨罐頭的糖漿 472g
香草棒 1/4根

板狀明膠　19g
威廉梨　50g
蛋白霜｜細砂糖　97g
　　　｜水　24g
　　　｜蛋白　64g
35%無糖鮮奶油　420g

1 將蛋黃、細砂糖、脫脂奶粉加在一起，翻動底部來進行攪拌。
2 用鍋子將罐頭的糖漿與香草棒煮沸，加到1來進行混合。倒回鍋內煮到83℃，把火關掉，加上泡軟的明膠來進行混合。過濾之後一邊攪拌一邊將容器放到冰塊上來進行散熱，加上威廉梨。
3 將細砂糖跟水加熱到117℃來製作成糖漿。一邊將糖漿從碗的邊緣倒到發泡五分的蛋白內，一邊持續進行攪拌，確實製作成義式蛋白霜。完成之後冷卻到5℃以下。
4 把3分成數次來加到2，攪拌均勻之後更進一步跟打到發泡七分的無糖鮮奶油混合在一起。

<組合與修飾>
西洋梨糖漬★／罐頭的西洋梨（每份半顆）／可可粉／透明鏡面果膠／緞帶狀的巧克力裝飾物（細）

1 將甘納許均等的塗在烤好的無花果杏仁鮮奶油上，放到冰箱冷凍使其緊縮。
2 用直徑12cm的環型模具進行分割，套在模具內不要卸下，將焦糖化的西洋梨排在無花果杏仁鮮奶油上。用西洋梨芭芭露來將整個模具填滿，放到冰箱冷凍凝固。
3 從環型蛋糕模具之中卸下，在表面篩上可可粉並塗上透明鏡面果膠。
4 將半顆西洋梨以垂直的切片來錯開。用噴槍將表面烤焦，放到3並塗上透明鏡面果膠。
5 用糖漬西洋梨、巧克力裝飾物來進行裝飾。

★糖漬西洋梨
西洋梨　適量
細砂糖跟水比例相同的糖水　適量

1 將西洋梨切成大約2mm的厚度，排到四角盆內，避免重疊。
2 倒入煮沸的糖漿，跟保鮮膜密合，在常溫下放置2～3小時。
3 擦乾之後排到烤盤上，放到烤箱內用大約100℃的餘熱來乾燥一個晚上。

欲望　照片參閱第16頁

※直徑12cm5份

<巧克力慕斯>
蛋黃　158g
30波美度的糖漿　198g
板狀明膠　9g
64%包覆用巧克力　422.5g
35%無糖鮮奶油　792g

1 在攪拌盆內放入蛋黃，用打蛋器攪拌到泛白為止。
2 將加熱到110～120℃的糖漿以細絲狀來倒到1。散熱到可以作業的溫度後，攪拌發泡到濃稠，加上泡軟的明膠來進行混合。
3 將包覆用巧克力加熱到50℃，倒入發泡七分的無糖鮮奶油的一部分來混合均勻。把2加入混合，將剩下的無糖鮮奶油加入混合均勻。

<巧克力傑諾瓦士蛋糕>（30cm×40cm的烤盤1片）
蛋（整顆）624g
細砂糖　370g
低筋麵粉　139g
高筋麵粉　130g
可可粉　90g
無鹽奶油　80g
覆盆子潘趣酒｜覆盆子果泥　200g
　　　　　　｜30波美度的糖漿　200g

1 將蛋（整顆）跟細砂糖放到攪拌盆內，加熱到跟人體差不多的溫度。用打蛋器以高速來攪拌發泡，直到泛白為止，切換成低速來整理質感的細膩度，成為舀起之後會像緞帶一般掉落的狀態。
2 加上事先篩在一起的低筋麵粉、高筋麵粉、可可粉，用塑膠刮板以切的方式來進行混合。粉的感覺消失之後將融化的奶油加入。
3 均等的攤開到鋪上烤盤紙的烤盤上，放到平式烤箱用170℃的溫度烤將近40分鐘的時間。
4 將覆盆子果泥與糖漿煮沸之後散熱。當麵體散熱到可以作業的溫度後，用刷子來塗到麵體上。

<覆盆子慕斯>
覆盆子果泥　87g
細砂糖　75g
板狀明膠　3.5g
35%無糖鮮奶油　87g
覆盆子　適量

1 將覆盆子果泥解凍到常溫，跟細砂糖、將容器泡到熱水來融化的明膠加在一起混合。
2 跟攪拌到發泡七分的無糖鮮奶油混合。倒到直徑7cm的模具內，灑上覆盆子的果實，放到冰箱冷凍凝固。

<覆盆子淋漿>
35%生奶油　348.3g
麥芽糖　174g
轉化糖　52.5g
細砂糖　470g
覆盆子果泥　195g
可可粉　130g
板狀明膠　18.6g

1 將生奶油、麥芽糖、轉化糖煮沸。
2 在同一時間，用另一個盆將細砂糖與覆盆子果泥煮沸到110℃。
3 把1跟2倒在一起，加上可可粉來進行混合，再次加熱到103℃之後把火關掉，加上泡軟的明膠，混合之後過濾。
4 將容器放到冰塊上，或是用Shock Freezer急速冷凍，放到冰箱冷藏保存。

<組合與修飾>
加上色素的可可粉（紅）／花瓣形的巧克力裝飾／緞帶狀的巧克力裝飾（寬）／金箔／覆盆子／黑莓果

1 在烘焙墊放上直徑12cm的環型蛋糕模具，倒入巧克力慕斯來填滿2分之1的高度，用湯匙將側面推高。
2 中央放上用直徑8cm的圓型模具所分割出來的巧克力傑諾瓦士蛋糕，倒上一層薄薄的巧克力慕斯。
3 疊上覆盆子慕斯，倒入巧克力慕斯直達9.5分滿的高度，用湯匙將側面推高。蓋上用直徑11cm的圓型模具所分割出來的巧克力傑諾瓦士蛋糕，放到冰箱冷凍凝固。
4 在3凝固之後從環型模具中卸下，讓巧克力傑諾瓦士蛋糕的那面朝下。倒上調整到40℃的覆盆子淋漿，用噴槍將混有色素的可可粉噴上。側面貼上花瓣形的巧克力裝飾，表面則是用寬的緞帶狀巧克力、金箔、覆盆子、黑莓果來進行裝飾。

楓　照片參閱第17頁

※直徑12cm5份

<達可瓦滋>（60cm×40cm的烤盤1片）
蛋白霜｜蛋白　375g
　　　｜細砂糖　22.5g
杏仁糖粉　600g

1 用攪拌機將蛋白與細砂糖攪拌，確實製作成硬的蛋白霜。
2 加上杏仁糖粉，用塑膠刮板迅速混合來避免蛋白霜的氣泡消失。
3 均等的攤開到鋪上烤盤紙的烤盤上，放到平式烤箱用170℃的溫度烤25～27分鐘。烤好之後馬上將紙剝下。

<覆盆子甘納許>（60cm×40cm的烤盤1片）
覆盆子果泥　180g
果膠　4.8g
細砂糖　48g
35%生奶油　96g
21.8%牛奶巧克力　160g

58.2%甜巧克力 216g
無鹽奶油 24g

1 將覆盆子果泥加熱到40℃，倒入果膠與細砂糖之後加熱到50℃。
2 同一時間將生奶油煮沸來加到**1**，再次煮沸之後從火移開。
3 把巧克力加到**2**來進行混合，攪拌均勻之後加上融化的奶油，確實進行乳化。
4 倒到四角盆內，放到冰箱冷凍凝固，使其結晶化。

＜糖楓慕斯＞
義式蛋白霜｜楓糖糖漿 72g
｜蛋白 57g
42%生奶油 216g
牛奶 75g
香草棒 1/2根
蛋黃 115.5g
楓糖 94.5g
板狀明膠 12g
35%無糖生奶油 260g

1 將楓糖糖漿煮到117℃。
2 用電動打蛋器將蛋白攪拌到發泡五分之後，一邊將**1**慢慢加入一邊用中速來攪拌發泡。加完之後改成高速，確實製作成義式蛋白霜，完成之後冷藏。
3 用鍋子將生奶油、牛奶、香草棒煮沸。
4 將蛋黃跟楓糖加在一起，翻動底部攪拌，把**3**加入混合。倒回鍋內煮到83℃，把火關掉跟泡軟的明膠混合。過濾之後將容器放到冰塊上面散熱。
5 當**4**散熱到可以作業的溫度後，加上發泡七分的無糖生奶油來進行混合，將義式蛋白霜倒入之後攪拌均勻。
6 分出一部分，將容器放到冰塊上進行冷卻，製作成擠出來也不會下垂，硬度較高的慕斯。

＜鮮奶油果凍＞
35%生奶油 146g
牛奶 31g
香草棒 1根
楓糖 33g
蛋黃 73g

1 將生奶油、牛奶、香草棒、16.5g的楓糖加熱到60℃。
2 將蛋黃與16.5g的楓糖加在一起，翻動底部攪拌，跟**1**混合之後進行過濾。倒到直徑7.5cm的模具內，放到對流加熱烤箱用130℃的溫度，一邊灌入蒸氣一邊烤6～7分鐘。散熱到可以作業的溫度後，移到冰箱冷凍。

＜組合與修飾＞
黑莓果／覆盆子／咖啡溶液／透明鏡面果膠／葉片形的巧克力裝飾／裝飾用的漿果（覆盆子、黑莓果、紅加侖）

1 將覆盆子甘納許解凍到常溫，成為蠟一般的硬度。用扁形花嘴來擠出達可瓦滋，塗抹均勻。
2 用直徑12cm的環型蛋糕模具進行分割，順著環型蛋糕模具的圓周，輪流排上覆盆子跟黑莓果。用先前準備好的硬楓糖慕斯，在漿果類的上方擠出波浪形，順著環型蛋糕模具的周圍往上疊來增加高度。用普通硬度的楓糖慕斯擠到模具一半的高度。
3 在中央放上鮮奶油果凍，用力壓來將空氣擠掉。用慕斯將整個模具填滿，放到冰箱冷凍凝固。
4 將**3**的模具卸下，將咖啡溶液加到透明鏡面果膠，在沒有混合的狀態下塗上。用巧克力裝飾跟漿果類進行裝飾。

Pâtisserie Lyon
蛋糕店 李昂 矢田萬幸人

歌劇院蛋糕 照片參閱第20頁
※切割前為50cm×35cm的1組

＜杏仁蛋糕體＞（6份蛋糕用的烤盤4片）
杏仁粉（帶皮） 435g
糖粉 435g
蛋（整顆） 600g
蛋白霜｜蛋白 335g
｜細砂糖 90g
低筋麵粉 125g
融化的無鹽奶油 90g

1 將杏仁粉與糖粉加在一起混合均勻（也可直接使用杏仁糖粉）。
2 用桌上型的攪拌機將蛋（整顆）攪拌到泛白，跟**1**混合在一起。
3 另外將蛋白跟糖確實攪拌發泡，跟**2**混合在一起。
4 將低筋麵粉跟**3**迅速的混合在一起。可以分成2次，每次倒入一半來進行混合。
5 將融化的奶油均等的混入。
6 倒到烤盤，放到烤箱用上火190℃、下火190℃烤大約12分鐘。

＜酒糖液＞
濃縮咖啡 1000ml
糖漿（2：1） 300ml
香甜咖啡酒 100ml
※跟濃縮咖啡同等濃度（盡可能濃一點）的咖啡也可以。

1 將所有材料加在一起混合。

＜摩卡奶油霜＞
無鹽奶油 680g
義式蛋白霜｜蛋白 180g
｜細砂糖 330g
｜水 150ml
A｜咖啡化合物 5大匙
｜香甜咖啡酒 50ml
｜咖啡溶液 25g
※咖啡溶液可將25g的雀巢咖啡溶化成較濃的溶液

1 將蛋白確實攪拌發泡。用細砂糖跟水來製作糖漿，用110～112℃煮到濃稠，加上蛋白來製作成義式蛋白霜。
2 事先將臘狀的奶油退冰到常溫，跟**1**加在一起混合。
3 把**A**跟**2**加在一起。

＜甘納許＞
38%生奶油 500g
甜巧克力（比利時） 450g
苦巧克力（Valrhona） 50g

1 將2種巧克力混合，跟加熱的生奶油加在一起混合。

＜歌劇院蛋糕淋漿＞（準備份量）
包覆用巧克力 1000g
甜巧克力（特苦） 400g
沙拉油 300ml

1 將容器泡到熱水之中，使包覆用巧克力融化。
2 把甜巧克力跟沙拉油跟**1**加在一起混合。

＜組合與修飾＞
包覆用巧克力／巧克力藝術／杏仁巧克力（參閱89頁「鏡面巧克力」）／金箔

1 將包覆用巧克力塗到杏仁蛋糕上，乾掉之後翻過來。
2 用4分之1份量的酒糖液（350ml），來對杏仁蛋糕體進行浸泡處理。
3 將甘納許塗到**2**，疊上另一片浸泡過糖漿的杏仁蛋糕，塗上奶油霜。重複這個步驟來做出8層。

4 冷卻凝固之後用歌劇院蛋糕淋漿將整個表面美麗的包覆，用抹刀整理各個斷層，切成10cm×20cm的長方形。
5 用模具將巧克力與杏仁巧克力分割之後拿來進行裝飾，最後灑上金箔。

鏡面巧克力蛋糕　照片參閱第22頁

※直徑9cm18份＋12cm18份

<杏仁蛋白霜>

A｜榛果粉（帶皮） 210g
　｜杏仁粉（帶皮） 210g
　｜細砂糖 400g
低筋麵粉 55g
蛋白霜｜蛋白 660g
　　　｜細砂糖 105g
糖粉 適量

1 將A的材料混合均勻，用篩子進行過濾。
2 將細砂糖分成2～3次加到蛋白，確實攪拌到發泡十分的狀態，跟1迅速的混合，將低筋麵粉分成2次加入混合。
3 把2放到擠花袋內來擠出螺旋狀，表面篩上糖粉之後放到烤箱用上火180℃、下火180℃的溫度確實烤成金黃色（約11分鐘）。

<巧克力蛋糕>（6份蛋糕用的烤盤1片）

蛋（整顆） 450g
細砂糖 140g
低筋麵粉 135g
可可粉（VAN HOUTEN公司） 25g
牛奶 40ml

1 將蛋（整顆）與細砂糖加熱到跟人體差不多的溫度，確實攪拌發泡。
2 將低筋麵粉跟可可粉加在一起，加到1來迅速的混合。
3 將牛奶加熱到跟人體差不多的溫度，迅速的跟2混合。
4 把3倒到烤盤上，用L型抹刀塗抹。
5 放到烤箱用上火190℃、下火190℃烤8～10分鐘。

<焦糖巧克力慕斯>

蛋黃 420g
38%生奶油A 600g
焦糖｜細砂糖 600g
　　｜水 300g
甜巧克力（比利時） 1080g
38%生奶油B 2250g

1 將生奶油A煮沸，一口氣倒到已經放入蛋黃的攪拌盆內，用打蛋器進行混合。
2 用火將水跟細砂糖加熱，煮成芳香的焦糖色。
3 把2一口氣加到1，混合成沒有任何塊狀物的液體。
4 用篩子將3過濾到攪拌盆內，用中高速持續攪拌到冷卻。
5 將容器泡到熱水讓甜巧克力融化之後加到4，將攪拌到發泡六～七分的生奶油B倒入。

<鏡面巧克力淋漿>

包覆用巧克力 900g
38%生奶油 600g
麥芽糖 50g
甜巧克力（Valrhona） 300g
糖漿（30波美度） 400ml

1 將包覆用巧克力加熱到跟人體差不多的溫度，跟甜巧克力加在一起。
2 將生奶油跟麥芽糖加在一起，用火煮沸一次。
3 把2加到1，倒入事先做好的糖漿攪拌均勻。

<組合與修飾>

碎覆盆子／巧克力藝術／杏仁巧克力★／榛果（烘焙）／金箔／酒糖液

1 將直徑12cm環型蛋糕模具放在板子上，底部鋪上杏仁蛋白霜，倒入焦糖巧克力慕斯，達到3分之1的高度時放上浸泡過酒糖液的巧克力蛋糕。將碎覆盆子鋪到表面，將巧克力蛋糕整個包覆，再次擠上巧克力慕斯。用抹刀將表面抹平，放到冰箱冷凍。
2 以冷凍狀態拿出，將模具周圍加熱來將蛋糕卸下。將鏡面巧克力淋漿加熱到跟人體差不多的溫度，用杓子均等的倒上，並用抹刀迅速的整理表面。
3 表面放上用模具分割的巧克力裝飾，貼上用調溫過的巧克力所製作的天使翅膀（每份6片），放上杏仁巧克力、榛果、金箔來進行裝飾。

★杏仁巧克力
杏仁糖漿、甜巧克力、糖粉、可可粉

1 用烤箱將杏仁烘烤到金黃色。
2 把1放到盆內，加上煮到110℃的糖漿，用木鏟攪拌讓每一顆都能被糖衣裹上之後散熱。
3 加到調溫過的甜巧克力內，一邊裹覆一邊篩上糖粉或可可粉。

馬郁蘭蛋糕　照片參閱第23頁

※切割前的狀態為50cm×35cm1組

<馬郁蘭蛋糕體>（6份蛋糕用的烤盤5片）

A｜杏仁粉（帶皮） 300g
　｜榛果粉（帶皮） 300g
　｜糖粉 600g
蛋白霜｜蛋白 750g
　　　｜細砂糖 300g
低筋麵粉 60g
無鹽奶油 適量
礦泉水

1 將A的材料混合均勻，用篩子進行過濾。
2 將蛋白與細砂糖充分攪拌發泡，確實製作成蛋白霜。
3 把1一口氣加到2，迅速的進行混合。途中加上低筋麵粉，混合時注意不要出現黏稠物。
4 分成5等份來倒到確實塗上奶油的烤盤上，用抹刀抹平，移到烤箱用上火180℃、下火180℃來進行烘焙，一邊觀察一邊烤成美麗的金黃色。
5 烤好之後將刀子插入與烤盤之間的縫隙，翻過來從烤盤卸下。散熱到可以作業的溫度後，噴上礦泉水透過蒸氣使其膨脹。

<巧克力甘納許>

38%生奶油 325g
甜巧克力 300g
苦巧克力 25g

1 把兩種巧克力放在一起後，加入已沸騰過一次的生奶油，融化攪拌在一起。

<奶油香堤>

38%生奶油 1250g
糖粉 100g
無鹽奶油 80g

1 將生奶油跟糖粉加在一起確實攪拌之後，加上融化的奶油進行混合，製作成結構確實的鮮奶油。

<果仁糖鮮奶油香堤>

38%生奶油 1300g
果仁糖糊 400g
無鹽奶油 80g

1 將生奶油確實攪拌發泡。
2 將果仁糖糊退冰，跟1的一部分混合之後再跟剩下的加在一起混合。
3 加上融化的奶油來製作成結構紮實的鮮奶油。

<組合與修飾>

榛果／巧克力藝術／糖粉

1 將巧克力甘納許均等的塗在噴過水的馬郁蘭蛋糕體上，用另一片馬郁蘭蛋糕體夾住，以這2片為1組，製作2組放到冰箱冷凍凝固。
2 用直徑13mm的花嘴，將奶油香堤擠到1的其中1組上，用抹刀塗抹均勻。將剩下的馬郁蘭蛋糕體（一樣噴濕後冷凍過）疊上，塗上奶油香堤。
3 疊上冷凍的另外一組（夾住甘納許的馬郁蘭蛋糕體），注意不要讓周圍產生縫隙，再次冷卻凝固。

4 把確實冷卻凝固的3倒過來，表面畫上切痕，用加熱過的刀子分割。用糖粉畫出圖樣之後，用榛果、巧克力藝術進行裝飾。

聖馬可蛋糕 照片參閱第24頁

※切割前的狀態為47cm×33cm1組

<杏仁蛋糕體>（6份蛋糕用的烤盤4片）
蛋黃 24顆份
細砂糖 480g
蛋白霜｜蛋白 24顆份
　　　｜細砂糖 240g
低筋麵粉 360g
杏仁粉（帶皮） 360g

1 將蛋白與細砂糖放到尺寸較大的攪拌盆內，攪拌到泛白為止。
2 將蛋白與細砂糖確實攪拌到發泡十分的狀態來製作成蛋白霜，將一半的份量加到1的盆內迅速混合。
3 將低筋麵粉與杏仁粉一口氣加入來進行混合，把剩下一半的蛋白霜加入混合。
4 倒到烤盤上，移到烤箱用上火190℃、下火190℃的溫度烤8分鐘，前後轉過來再烤2分鐘，觀察狀況持續烤1分鐘。

<酒糖液>（1片使用300ml）
糖漿（2：1） 600ml
美雅蘭姆酒 200ml
水 400ml

1 將所有材料混合在一起。

<鮮奶油香堤>
生奶油 2000g
細砂糖 150g
板狀明膠 13片（1片3g）
美雅蘭姆酒 100ml

1 將生奶油與細砂糖混合，攪拌到發泡五分的程度。
2 將美雅蘭姆酒與泡軟的明膠加熱，一口氣加到1，用打蛋器攪拌到發泡至五～六分。

<巧克力鮮奶油>
生奶油 2000g
細砂糖 100g
牛奶 400ml
甜巧克力（比利時） 360g
可可膏 40g
板狀明膠 13片（每片3g）

1 將甜巧克力跟可可膏混合在一起，加上熱牛奶來製作成甘納許之後，將泡軟的明膠加入混合。
2 將生奶油與細砂糖攪拌到發泡五～六分，把1倒入。

<組合與修飾>
炸彈糊※／杏子果醬※／麥芽糖／金粉
※將杏子果醬與果膠1比1的混合，用水跟檸檬汁稀釋
※做法可參考p110

1 上下顛倒的來進行組合。將杏仁蛋糕體鋪到模具內，用每一片300ml的比例來浸泡酒糖液。
2 將一半的鮮奶油香堤倒到1之後冷卻凝固。
3 將巧克力鮮奶油倒到2，整理表面，蓋上杏仁蛋糕體之後冷卻凝固。
4 完全凝固之後浸泡酒糖液並放到冰箱冷凍。
5 完全凝固之後上下顛倒過來塗上炸彈糊，還不要從模具卸下。
6 用噴槍烘烤表面，塗上杏子果醬，用Shock Freezer讓表面急速冷凍之後從模具卸下。
7 用麥芽糖與金粉進行裝飾。

用噴槍大膽的烘烤炸彈糊，使其確實的散發出芳香
修飾的杏子果醬用盛上的感覺來塗上

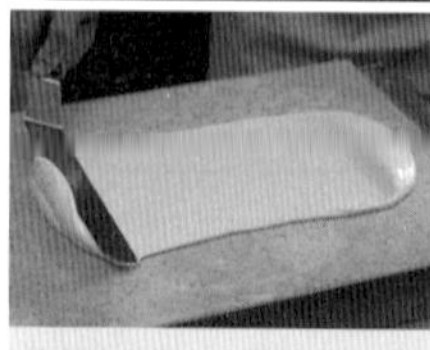

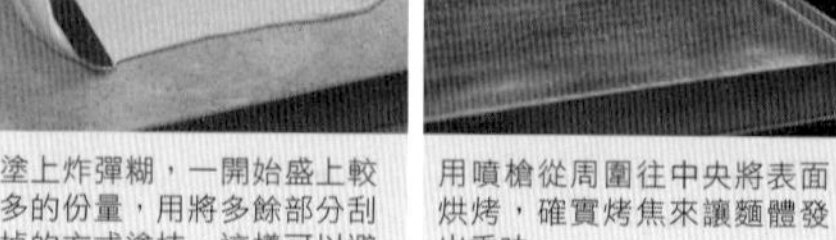
塗上炸彈糊，一開始盛上較多的份量，用將多餘部分刮掉的方式塗抹，這樣可以避免傷到麵體本身。
用噴槍從周圍往中央將表面烘烤，確實烤焦來讓麵體發出香味。
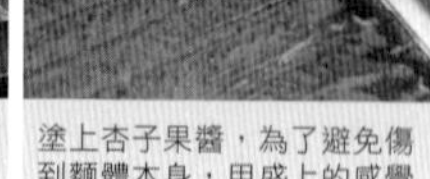
塗上杏子果醬，為了避免傷到麵體本身，用盛上的感覺來進行塗抹。

聖奧諾雷蛋糕 照片參閱第25頁

※直徑15cm24份

<千層酥麵團>
低筋麵粉 1500g
高筋麵粉 1500g
溫水 255ml
鹽 60g
細砂糖 60g
冷水 1245g
融化的無鹽奶油 300g
無鹽奶油 6磅

1 將低筋麵粉與高筋麵粉放到攪拌盆內混合均勻。
2 用溫水將鹽跟細砂糖融化，加上冷水跟融化的奶油來製作成混合液。
3 將2倒到1的攪拌盆內，用攪拌鉤以低速混合。攪拌一段時間來成為一整團的麵團。
4 放到工作檯上來分成6等份，用製作麵包的要領來進行搓揉，放到冰箱冷藏一個晚上。
5 將奶油延伸成平板狀，用4包住之後擀平，3摺2次之後放到冰箱冷藏1小時，重複這個步驟3次來製作成麵皮。

<泡芙麵糊>
牛奶 500ml
水 500ml
鹽 22g
細砂糖 6g
無鹽奶油 500g
低筋麵粉 650g
蛋（整顆）1200g

1 將牛奶、水、鹽、細砂糖、切碎的奶油加在一起煮沸。
2 將低筋麵粉一口氣倒到1，迅速進行混合。
3 整合之後再次用火加熱，讓多餘的水分蒸發。
4 移到碗內，將打散的蛋分成3次加入。

<卡士達鮮奶油>（15cm1個使用200～250g）
牛奶 1000ml
香草棒 1/3根
蛋黃 12顆
細砂糖 300g
低筋麵粉 100g

1 將香草的豆莢切開，連同豆莢殼一起加到牛奶，加熱到幾乎沸騰的溫度。
2 將蛋黃打散並加上細砂糖，攪拌到泛白為止。
3 將低筋麵粉一口氣加入混合，把1加上稀釋，過濾之後移到鍋內。
4 用中火進行加熱，一邊煮一邊持續攪拌。途中會再次變成液狀，但持續煮到確實變硬為止。
※在大型蛋糕的場合，也可以加上明膠來方便分割（每一片3g＋櫻桃酒30ml，將容器放到熱水加熱之後混合）。

<巧克力卡士達鮮奶油>
卡士達鮮奶油（上述） 80g
苦巧克力 10g

1 將卡士達鮮奶油跟苦巧克力用8：1的比例混合之後用火加熱。

＜鮮奶油香堤＞
38%生奶油 500g
細砂糖 40g

1 將生奶油與細砂糖混合，攪拌到發泡十分的狀態。

＜組合與修飾＞
小泡芙★／焦糖★／草莓（切半10顆）／巧克力藝術／開心果／糖粉

1 將千層酥麵團擀到3～5mm的厚度，用直徑15cm的圓型模具分割，在周圍跟中央擠上泡芙麵糊。
2 用上火200℃、下火200℃烤15分鐘，觀察烘焙的狀態，若是覺得中心部位烤得不夠，則上方插入一片烤盤再烤5～10分鐘，完成後散熱。
3 當**2**散熱結束之後在周圍擠上鮮奶油香堤，用切半的草莓排滿整個表面，並擠上卡士達鮮奶油（高度與周圍相同）。在8個小泡芙平坦的那面放上焦糖，冷卻之後將焦糖那面朝上，均等的擺在鮮奶油香堤上。
4 擠上鮮奶油香堤，用草莓、以模具分割的巧克力藝術、開心果、糖粉進行裝飾。

★小泡芙
1 擠出直徑1cm的泡芙麵糊，用190℃烘烤約15分鐘，擠入卡士達鮮奶油。

★焦糖
1 用水2、細砂糖3（或水1、細砂糖2）的比例來用火煮至出現金黃色為止。
2 將容器泡到冰水，散熱到可以作業的溫度後再次用火煮熱，調整到容易將焦糖裹上的溫度。

PATISSERIE le Lis
法式甜點 百合 須山真吾

百香果蛋糕 照片參閱第28頁

※33cm×48cm×高4.5cm的凝固板1片

＜巧克力蛋糕＞（6份蛋糕用的烤盤1片）
無鹽奶油 100g
牛奶 25g
67%巧克力（Valrhona） 233g
蛋黃 142g
蛋白霜 | 細砂糖 125g
　　　 | 蛋白 208g
低筋麵粉 77g

1 將無鹽奶油跟牛奶倒到鍋內煮沸。
2 將容器泡到熱水讓巧克力融化，加上**1**來進行混合。
3 將打散的蛋黃加到**2**來進行混合，確實進行乳化。
4 將蛋白與細砂糖攪拌發泡來製作成蛋白霜，將3分之1的份量加到**3**，迅速的進行混合。
5 將篩過的低筋麵粉加到**3**，迅速的進行混合。
6 將剩下的蛋白霜倒入，攪拌到柔滑為止。
7 倒到烤盤上，下方再鋪一片烤盤，放到烤箱用180℃的溫度烤20分鐘。

＜馬卡龍＞（6份蛋糕用的烤盤2片）
蛋白霜 | 蛋白 336g
　　　 | 細砂糖 168g
杏仁粉 405g
糖粉 504g
低筋麵粉 36g

1 將蛋白與細砂糖確實製作成尾端不會下垂的蛋白霜。
2 將粉類跟糖粉加在一起篩過，加到**1**來攪拌到出現光澤為止。
3 將**2**倒到烤盤上放置1個小時讓表面乾燥之後，放到烤箱用160℃的溫度烤15分鐘。

＜巧克力奶酪＞
牛奶 425g
板狀明膠 9g
56%巧克力（Valrhona） 680g
35%生奶油 425g

1 將牛奶煮沸，加上泡軟的明膠使其溶化。
2 將一半的**1**跟切碎的巧克力加在一起，攪拌混合來進行乳化。柔滑之後將剩下的**1**加入混合。
3 將冰的生奶油一口氣倒到**2**來混合均勻。

＜百香果鮮奶油＞
百香果果泥 420g
水 210g
細砂糖 210g
蛋黃 136g
低筋麵粉 63g
脫脂奶粉 31g
無鹽奶油 315g

1 將百香果泥跟水煮沸。
2 將細砂糖與蛋黃加在一起，翻動底部攪拌到泛白為止。
3 將低筋麵粉與脫脂奶粉加在一起篩過。
4 把**2**跟**3**加在一起混合之後，把**1**加入攪拌。
5 把**4**倒到鍋內，煮到柔滑且出現光澤為止，將容器放到冰水內散熱。
6 用柔滑的狀態來加上蠟狀奶油，用電動攪拌器進行攪拌讓空氣可以稍微混入。

＜輕巧克力慕斯＞
牛奶 216g
板狀明膠 6g
56%巧克力（Valrhona） 300g
35%生奶油 432g

1 將牛奶煮沸，加上泡軟的明膠使其溶化。
2 將**1**的一半跟切碎的巧克力加在一起，攪拌混合來進行乳化。柔滑之後將剩下的**1**加入混合。
3 將生奶油攪拌到發泡七分，加到**2**來進行混合。

＜巧克力香堤＞
61%巧克力（Valrhona） 225g
35%生奶油**A** 250g
麥芽糖 27g
轉化糖 27g
35%生奶油**B** 500g

1 將容器泡到熱水之中讓巧克力融化。
2 將生奶油**A**、麥芽糖、轉化糖放到鍋內煮沸。
3 把**2**的3分之1加到**1**，攪拌到乳化為止。
4 更進一步將**2**的3分之1加入混合，最後將剩下的**2**也加入攪拌。
5 一邊混合一邊將冰的生奶油**B**加到**4**，用電動打蛋器攪拌到柔滑。
6 把**5**放到冰箱冷藏一個晚上。

＜組合與修飾＞
噴槍用巧克力（用1：1的比例將55%的黑巧克力與可可粉混合）／百香果馬卡龍／裝飾用巧克力

1 按照凝固板的大小來切割巧克力蛋糕與馬卡龍。
2 將巧克力蛋糕放到底部，倒入巧克力奶酪並放上馬卡龍，放到冰箱冷藏半天。

3 將百香果鮮奶油倒到**2**並將表面抹平，放上另一片馬卡龍。
4 將輕巧克力慕斯倒至模具邊緣的高度，將表面抹平之後急速冷凍。
5 從模具中卸下，將攪拌到發泡8分的巧克力香堤裝到直徑9mm花嘴的擠花袋內，在表面擠上併排的橫一直線。
6 急速冷凍之後將噴槍用的巧克力噴上，切成16cm×7.5cm的大小。用百香果馬卡龍跟巧克力藝術來進行裝飾。

蒙特利馬爾蛋糕 照片參閱第30頁

※直徑15cm的環型蛋糕模具3份

＜榛果達可瓦滋＞

蛋白霜 | 蛋白 250g
　　　 | 細砂糖 75g
榛果粉 125g
杏仁粉 62g
糖粉 112g

1 用蛋白與細砂糖來確實製作成蛋白霜。
2 將榛果粉、杏仁粉、糖粉加在一起，篩過之後一邊慢慢的加到**1**一邊不斷持續攪拌。
3 把**2**放到擠花袋內，分別在烤盤擠上直徑13cm與12cm的圓形。
4 篩上糖粉（份量之外），放到烤箱用180℃的溫度烤15分鐘。

＜杏子果凍＞

杏子（罐頭、切半）175g
杏子果泥 150g
細砂糖 70g
板狀明膠 5g

1 將切成一半的杏子更進一步切成4等分。
2 把**1**、杏子果泥、細砂糖倒到鍋子內，煮沸之後將杏子稍微壓爛。
3 把火關掉，將泡軟的明膠加入使其溶化。
4 把**3**倒到直徑12cm的矽膠模內，達到5mm的高度後放到冰箱冷凍凝固。

＜牛軋糖慕斯＞

義式蛋白霜 | 蜂蜜 184g
　　　　　 | 蛋白 103g
歐洲甜櫻桃（Bigarreau cherry） 70g
杏仁切片 86g
榛果（4～6mm） 35g
開心果（4～6mm） 35g
板狀明膠 10g
35%生奶油 310g

1 用攪拌器將蛋白稍微攪拌發泡，一邊將加熱到120℃的蜂蜜慢慢倒入一邊持續攪拌發泡，製作成義式蛋白霜。
2 將歐洲甜櫻桃切碎，堅果類也用烤箱稍微烤過之後切碎，杏仁切片用手剝碎，全部用手打散、混合在一起。
3 將生奶油攪拌到發泡七分。
4 用微波爐讓泡軟的明膠溶化，加上少量的蛋白霜來稀釋。
5 馬上將**4**倒回蛋白霜，一邊用打蛋器混合一邊將**2**加入，用切割的方式進行攪拌。
6 把**3**分成幾次來加到**5**，攪拌混合時注意不要讓蛋白霜的氣泡消失。

用蜂蜜與堅果來製作成牛軋糖風味的輕慕斯

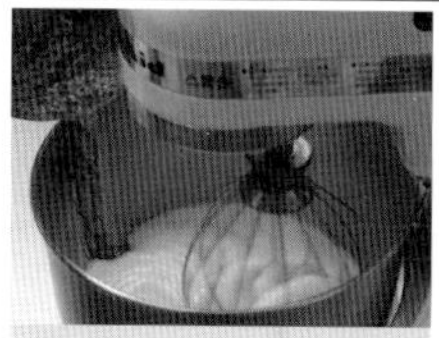
用義式蛋白霜的要領，將蛋白慢慢加到120℃的蜂蜜內，用攪拌器以高速來攪拌發泡，確實製作成硬的蛋白霜。

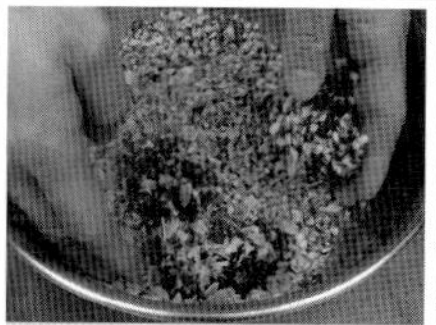
將堅果類與櫻桃切碎，一邊用手將櫻桃剝碎一邊混合。為了讓口感產生變化，杏仁刻意選擇切片的類型。

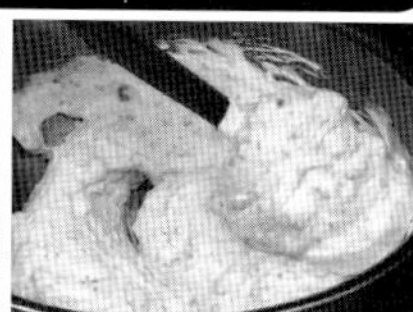
加上含有乳脂肪的生奶油時，會比較容易將蛋白霜的氣泡壓破，必須慢慢加入，攪拌次數也不可以太多。

＜組合與修飾＞

透明鏡面淋漿／義式蛋白霜／杏子／開心果／杏仁切片／裝飾用巧克力

1 將烘烤成直徑13cm的圓型榛果達可瓦滋放到環型蛋糕模具內，將牛軋糖慕斯倒至3分之2的高度。用抹刀將邊緣的隙縫填滿並將表面抹平。
2 將烘烤成直徑12cm的圓形榛果達可瓦滋放到**1**，將冷凍的杏子果泥放上，並將剩下的牛軋糖慕斯倒入。
3 用抹刀整理表面，讓中央稍微隆起，放到冰箱冷凍凝固。
4 將**3**從環型蛋糕模具中卸下，倒上淋漿。擠上義式蛋白霜並用噴槍烤焦，另外用噴槍烤焦的杏子、開心果、杏仁片、巧克力藝術來裝飾。

賜福蛋糕 照片參閱第31頁

※直徑15cm的環型蛋糕模具4份

＜奶油酥餅＞

無鹽奶油 500g
糖粉 300g
蛋黃 5顆份
科涅克白蘭地 50g
低筋麵粉 500g
發粉 5g

1 將蠟狀的奶油與糖粉混合在一起。
2 將蛋黃慢慢加入來進行混合，將科涅克白蘭地也加入混合。
3 篩上糖粉來確實攪拌均勻。
4 將麵團整理成一團並用保鮮膜包住，放到冰箱冷藏一個晚上。
5 將麵團擀成7mm的厚度，用直徑16cm的環型蛋糕模具進行分割，放到烤箱用150℃的溫度烤50分鐘。

＜黑加侖果醬＞

黑加侖果泥 500g
細砂糖 250g
果膠 2g

1 將所有材料倒到鍋內，煮到糖度達到58brix為止。

＜黑加侖鮮奶油＞

蛋（整顆）180g
細砂糖 162g
黑加侖果泥 150g
板狀明膠 7g
無鹽奶油 270g

1 將蛋（整顆）與細砂糖加在一起，翻動底部攪拌，跟黑加侖果泥加在一起混合。
2 把**1**倒到鍋內，一邊用打蛋器攪拌一邊煮到80℃。
3 把火關掉，加上泡軟的明膠使其溶化。
4 用細的濾網進行過濾，散熱到50℃之後加上柔軟的奶油來進行混合。
5 用電動打蛋器攪拌到柔滑。

＜嫩煮蘋果＞

蘋果（紅玉） 5顆（約1公斤）
A | 細砂糖 100g
　| 無鹽奶油 30g
蘋果白蘭地 適量
香草蘭豆莢 1根
細砂糖 120g

1 將蘋果去皮並將核去除，切成12等份。
2 把**A**製作成焦糖，把**1**加入讓整體均勻的被糖衣包覆。
3 加上蘋果白蘭地來進行火烤，將香草內部挖出，連同豆莢一起加入。
4 加上細砂糖，煮到水分蒸發。
5 將蘋果倒到四角盆內散熱。

＜組合與修飾＞

透明鏡面淋漿／黑加侖

1 將直徑15cm的環型蛋糕模具放到烘焙墊上，將嫩煮蘋果排成花的形狀並急速冷凍。

2 將黑加侖鮮奶油倒到1，填滿3cm左右的高度再次急速冷凍。
3 在奶油酥餅塗上黑加侖的果醬，將酥餅那面朝上來疊到2上面。
4 把3翻過來從模具卸下，倒上淋漿並用黑加侖裝飾。

栗子夏洛特 照片參閱第32頁

※直徑12cm的環型蛋糕模具3份

<拇指蛋糕體>
蛋黃 6顆份
細砂糖 88g
蛋白霜 | 蛋白 6顆份
　　　 | 細砂糖 100g
低筋麵粉 188g
糖粉 適量

1 將蛋黃與細砂糖放到攪拌盆內，確實攪拌發泡。
2 將蛋白與細砂糖加在一起確實攪拌發泡，製作成尾端不會下垂的蛋白霜。
3 把2加到1來稍微攪拌，加上篩過的低筋麵粉迅速混合。
4 裝到直徑11mm花嘴的擠花袋內，在膠膜畫上直徑12cm的圓形，從圓的外側往內擠出一球一球的水滴形（a）。
5 接著在鋪上膠膜的烤盤上，用排列出40cm長條的感覺，擠出40cm的正方形（b）。
6 將糖粉分成2次篩在4跟5，放到220℃的烤箱，把下火關掉烤5～7分鐘。
7 散熱之後把（b）切成橫4.5cm寬。

<杏仁蛋糕體>
生杏仁糊 500g
糖粉 300g
蛋黃 11顆份
蛋（整顆） 3顆
低筋麵粉 285g
玉米粉 66g
蛋白霜 | 蛋白 440g
　　　 | 細砂糖 88g

1 將生杏仁糊跟細砂糖混合在一起。
2 一邊用電動攪拌器將1混合，一邊將打散的蛋黃跟蛋（整顆）慢慢加入來攪拌發泡。
3 將篩過的低筋麵粉跟玉米粉加入迅速的混合，將蛋白與細砂糖確實攪拌發泡，製作成尾端不會下垂的蛋白霜之後加入，混合均勻到出現光澤為止。
4 在鋪上膠膜的烤盤塗上一薄薄的起酥油（份量外），將麵糊倒上5mm的厚度，放到烤箱用190℃的溫度烤12分鐘。

<鮮奶油布丁>
45%生奶油 1000g
薰草豆 1個
細砂糖 50g
蛋黃 8顆份

1 將生奶油與薰草豆放到鍋子內用火加熱，煮沸之後將火關掉，放置到冷卻為止。
2 將蛋黃與細砂糖加在一起，翻動底部攪拌，跟1混合之後過濾。
3 倒到30cm×40cm的四角盆內，將容器泡到130℃的熱水加熱20～25分鐘。
4 讓3散熱之後急速冷凍，使其冷卻凝固。

<焦糖化的西洋梨>
西洋梨（生鮮或罐頭） 4顆
細砂糖 50g
無鹽奶油 20g
香草蘭豆莢 1/2根

1 將西洋梨去皮來切成一半之後，更進一步切成6等份。
2 用鍋子將奶油融化，加上細砂糖來製作成焦糖。
3 把1加到2，加上香草蘭豆莢來讓糖漿包覆，將鍋子從火移開。
4 移到四角盆來進行冷卻。

<栗子慕斯>
栗子果泥 135g
栗子鮮奶油 135g
卡士達鮮奶油★ 90g
板狀明膠 4g
牛奶 20g
35%生奶油 170g

1 將栗子果泥跟栗子鮮奶油放到盆內加在一起之後，倒上卡士達奶油來進行混合。
2 將牛奶倒到鍋內煮沸，加上泡軟的明膠使其溶化。
3 把2加到1來進行混合，加上發泡七分的生奶油來攪拌均勻。

★卡士達鮮奶油（以下之中使用90g）
牛奶 1000ml
香草蘭豆莢 1根
蛋黃 10顆份
細砂糖 200g
低筋麵粉 120g

1 將蛋黃與細砂糖加在一起，翻動底部攪拌，跟篩過的低筋麵粉混合。
2 把香草蘭豆莢跟牛奶加在一起，加熱到幾乎沸騰的溫度之後，把1加入煮熱。
3 將容器泡到冰水來急速冷凍。

<焦糖香堤>
35%生奶油 375g
細砂糖 150g
麥芽糖 13g
香草蘭豆莢 適量

1 將細砂糖跟麥芽糖放到鍋內，用火加熱來製作成麥芽糖。
2 把生奶油加到1來進行稀釋，加上香草蘭豆莢之後再次煮沸。
3 從火移開，用電動打蛋器攪拌到柔滑。
4 移到容器內，蓋上保鮮膜來跟表面密合，放到冰箱冷藏一天。

<組合與修飾>
冷凍栗子／巧克力裝飾

1 將拇指蛋糕體（b）切成4.5×36cm的條狀，放到環型蛋糕模具的內側。
2 用直徑12cm的環型模具來將杏仁蛋糕體分割，鋪到環型蛋糕模具的底部，將栗子慕斯倒到3分之1的高度。
3 將焦糖化的西洋梨切成1cm的方塊灑上，放上用直徑12cm的環型模具所分割的冷凍鮮奶油布丁。
4 再次倒入栗子慕斯，填滿到模具邊緣的高度，用抹刀整理表面，讓中央稍微隆起。
5 用直徑6cm的環型模具將拇指蛋糕體（a）的中央分割出來，當作蓋子蓋上之後急速冷凍。
6 從環型蛋糕模具脫模後，上面擠上重新攪拌到發泡八分的焦糖香堤，擺上冷凍栗子和巧克力裝飾。

柚子起士蛋糕 照片參閱第33頁

※直徑12cm的環型蛋糕模具3份

<軟杏仁蛋糕體>
杏仁糖粉 336g
低筋麵粉 75g
蛋白 112g
35%生奶油 38g
蛋白霜 | 蛋白 338g
　　　 | 細砂糖 187g
糖粉 適量

1 將杏仁糖粉與低筋麵粉加在一起，篩過之後放到攪拌盆內。
2 將蛋白與生奶油加到1來混合成糊狀。
3 用蛋白與細砂糖製作蛋白霜，慢慢加到2來進行混合。
4 把3倒到法式烤盤並篩上糖粉，放到烤箱用190℃的溫度烤20分鐘。
5 將麵體從烤盤卸下散熱。

<紅加侖庫利凍>
紅加侖果泥 200g

細砂糖 60g
果膠LM-SN-325 2g

1 將紅加侖果泥放到鍋內用火加熱，達到40℃之後加上細砂糖跟果膠，煮到沸騰。
2 一邊攪拌一邊持續煮1分多鐘，讓果膠融化。
3 倒到直徑10cm的矽膠模內，達到5mm的高度之後急速冷凍。

＜起士慕斯＞
牛奶 85g
細砂糖 50g
板狀明膠 4g
鮮奶油起士 168g
35%生奶油 278g

1 將牛奶跟細砂糖放到鍋內煮沸，加上泡軟的明膠使其溶化。
2 將**1**跟鮮奶油起士放到食物處理機內，混合到柔滑的狀態。
3 散熱到可以作業的溫度，在組合的前一刻跟發泡七分的生奶油混合在一起。

＜柚子慕斯＞
牛奶 150g
細砂糖 36g
蛋黃 2顆份
板狀明膠 6g
35%生奶油 210g
柚子糊 20g
柚子皮 1g

1 將蛋黃、細砂糖、柚子皮放到攪拌盆內，翻動底部攪拌，跟煮沸的牛奶混合。
2 把**1**移到鍋內，一邊攪拌一邊煮到82℃，加上泡軟的明膠使其溶化。
3 把**2**過濾之後跟柚子糊加在一起混合，將容器泡到冰水來散熱。
4 散熱到可以作業的溫度後，在組合前一刻跟發泡七分的生奶油混合。

＜組合與修飾＞
40%生奶油（發泡六分、加糖7%）／40%生奶油（發泡八分、加糖7%）／草莓／覆盆子／紅加侖／糖粉

1 用直徑12cm的圓型模具來將軟杏仁蛋糕體分割，放到環型蛋糕模具內。
2 將柚子慕斯裝到直徑12cm圓形花嘴的擠花袋內，擠出3分之1的高度，放上冷凍的紅加侖庫利凍。
3 將起士慕斯倒到模具邊緣的高度，用抹刀整理好表面之後急速冷凍。
4 將發泡六分的生奶油倒到**3**的整體，擠上發泡八分的生奶油，用草莓、覆盆子、紅加侖進行裝飾，最後篩上糖粉。

Gâteaux de la mère Souriante

蛋糕店 母親的微笑 栗本佳夫

特製水果酥餅 照片參閱第36頁

※15cm方塊6個

＜傑諾瓦士麵糊＞（35cm×50cm的凝固板1片）
蛋（整顆） 963g
細砂糖 560g
低筋麵粉（Violet） 560g
36%生奶油 126g

1 將蛋（整顆）、細砂糖加熱到40℃，用電動攪拌器以高速攪拌發泡之後，改成中速來整理出細膩的質感。
2 慢慢加上篩過的低筋麵粉，確實進行混合。
3 加上煮到幾乎沸騰的生奶油來進行混合。
4 把**3**倒到鋪上紙的凝固板內，放到烤箱用180℃的溫度烤30分鐘。

＜鮮奶油香堤＞（準備份量）
36%生奶油 800g
細砂糖 45g
香草精華液 適量

1 用電動攪拌機來將生奶油攪拌，途中加上細砂糖、香草精華液來攪拌到發泡六分。

＜糖漿＞
細砂糖 50g
水 100g
白柑桂酒 30g

1 將細砂糖跟水倒到鍋內，煮沸之後移到盆內，將盆泡到冰水來進行散熱。
2 加上白柑桂酒。

＜組合與修飾＞
白巧克力／可可粉（紅）／巴拉金糖／色粉（紅）／覆盆子／草莓香堤※／金箔／糖粉
※將Les Gourmandise EXTRAIT DE FRAISE（濃縮草莓酒）混到鮮奶油香堤所製作而成

1 製作裝飾用的巧克力板。用可可粉在OPP膜畫出模樣，將白巧克力塗上，配合蛋糕的高度與寬度來進行切割。
2 將少量的色粉跟巴拉金糖加在一起，煮成170℃的糖漿，來製作成緞帶狀的糖人藝術（參閱37頁）。
3 將傑諾瓦士蛋糕的烤痕切除，分割成厚1.5cm、各個邊15cm的正方形。
4 在表面淋上糖漿，塗上鮮奶油香堤，放上草莓切片。將另一片傑諾瓦士蛋糕塗上糖漿，疊的時候把糖漿那面朝下，在頂部的表面也倒上糖漿。重複這個步驟來製作出3層。
5 在表面塗上草莓香堤。
6 將**1**的巧克力板貼到蛋糕側面，用糖人藝術的緞帶、覆盆子、金箔、糖粉來做最後的修飾。

巨蛋巧克力蛋糕 照片參閱第38頁

＜巧克力傑諾瓦士蛋糕＞（35cm×50cm的凝固板1片）
蛋（整顆） 963g
細砂糖 560g
低筋麵粉（Violet） 462g
可可粉 98g
36%生奶油 126g

1 將蛋（整顆）、細砂糖加熱到40℃，用電動攪拌機以高速來攪拌發泡，改成中速來整理出細膩的質感。
2 一點一滴的加上合在一起篩過的低筋麵粉與可可粉，確實混合在一起。
3 加上煮到幾乎沸騰的生奶油來進行混合。
4 將**3**倒到鋪上紙的凝固板內，放到烤箱用180℃的溫度烤30分鐘。

＜巧克力歐蕾慕斯＞
炸彈糊｜蛋黃 48g
　　　｜細砂糖 42g
　　　｜水 20g
牛奶巧克力 168g
甜巧克力 50g
杏仁果仁糖 25g
36%生奶油 404g

1 將牛奶巧克力、甜巧克力、杏仁果仁糖放到盆內，將容器泡到熱水來進行融化。
2 用細砂糖跟水煮到117℃來製作成糖漿，跟用電動攪拌器所攪拌的蛋黃加在一起來製作成炸彈糊。跟**1**加在一起混合。
3 將發泡七分的生奶油分成2次來加到**2**，混合之後倒到模具內。
4 蓋上用直徑6cm的模具所分割出來的1cm厚巧克力傑諾瓦士蛋糕，放到冰箱冷凍凝固。

＜巧克力慕斯＞（直徑12cm的圓頂型模具15個）

炸彈糊
- 蛋黃 749g
- 細砂糖 341g
- 水 100g

甜巧克力 1104g
36%生奶油 1668g

1 用電動攪拌器將蛋黃攪拌發泡。
2 將細砂糖跟水煮到117℃來加到**1**，製作成炸彈糊。
3 將容器泡到熱水來讓巧克力融化，加到**1**來稍微混合。
4 將生奶油攪拌到發泡七分，加到**3**來進行混合。

＜克莉斯汀果仁糖＞
無鹽奶油 84g
甜巧克力 280g
杏仁果仁糖 120g
碎餅乾 270g
細砂糖 35g

1 將容器泡到熱水讓巧克力融化，加上奶油、杏仁果仁糖來進行混合。
2 將碎餅乾、細砂糖加到**1**來進行混合。
3 倒到烘焙墊上延伸到3mm的厚度，透過冷卻來進行凝固。
4 用直徑12cm的環型模具分割。

＜巧克力淋漿＞
水 150g
細砂糖 250g
可可粉 100g
36%生奶油 150g
板狀明膠 15g

1 將水、生奶油、細砂糖加到鍋子內煮沸。
2 將可可粉一點一滴的加到**1**來進行混合。
3 把**2**倒回鍋內用中火加熱，一邊用塑膠刮板持續攪拌，一邊煮到幾乎沸騰的溫度，將板狀明膠加入使其溶化。
4 用細的濾網進行過濾。

＜組合與修飾＞
糖漿（參閱94頁「特製水果酥餅」）／甜巧克力／金箔

1 將巧克力慕斯倒到直徑12cm的圓頂型模具內，放入冷凍的巧克力歐蕾慕斯。
2 倒入巧克力慕斯來將模具填滿，蓋上用直徑12cm的模具所分割的，厚度1cm的巧克力傑諾瓦士蛋糕。
3 在**2**的傑諾瓦士蛋糕灑上糖漿。
4 用巧克力慕斯將克莉斯汀果仁糖黏在**3**上面，放到冰箱冷凍。
5 從模具卸下，倒上巧克力淋漿。
6 用甜巧克力所製作的巧克力藝術跟金箔進行裝飾。

和栗蒙布朗 照片參閱第39頁

＜和栗鮮奶油＞（直徑12cm的圓頂模具每份使用350～400g）
和栗糊（西鄉栗） 2500g
36%生奶油 660g
牛奶 180g
蘭姆酒 10ml

將栗子糊確實打散之後再加上生奶油

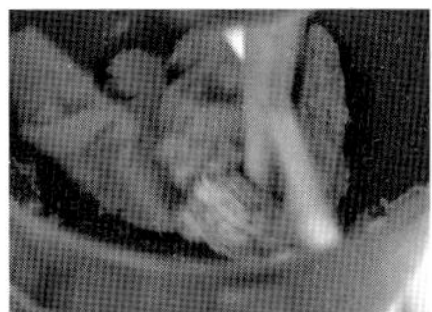
將和栗糊放到電動攪拌機內，一開始選擇低速，再來用中速攪拌使空氣混入並且泛白。若是攪拌時間不夠，容易形成塊狀物。

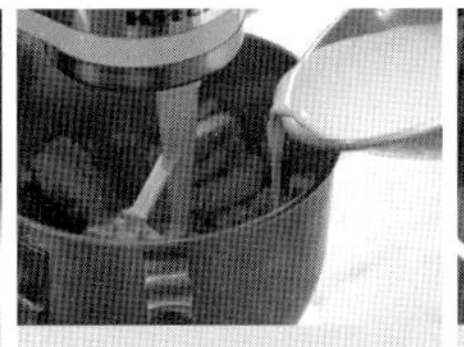
加上蘭姆酒來進行混合，接著加上生奶油與牛奶以中速混合。將複數材料進行混合時，要先從狀態不會改變的材料來開始加入。

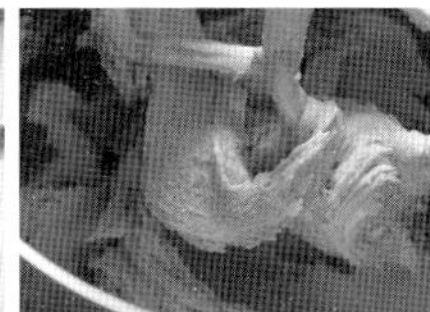
切換電動攪拌機的開關使材料漸漸融合，慢慢製作成鮮奶油狀。

1 事先將所有材料冷藏。用電動攪拌機將冰的和栗糊打散，一開始用低速，再來用中速攪拌到含有空氣且泛白的狀態。在此若是操之過急，會容易產生塊狀物。
2 將確實冰過的蘭姆酒、生奶油、牛奶慢慢加到**1**，切換電動攪拌機的開關，讓材料漸漸的融合在一起。攪拌過度會出現乾枯的感覺，必須多加注意。

＜外交官式鮮奶油＞（準備份量）

卡士達鮮奶油
- 牛奶 1000g
- 香草蘭豆莢 3根
- 蛋黃 300g
- 細砂糖 180g
- 鮮奶油粉 45g
- 低筋麵粉（Violet） 35g

無鹽奶油 55g
鮮奶油香堤（參閱94頁「特製水果酥餅」） 800g

1 將牛奶、切開的香草蘭豆莢放到鍋內，煮到幾乎沸騰的溫度。
2 將蛋黃、細砂糖加到攪拌盆內混合，加上篩過的鮮奶油粉與低筋麵粉來攪拌均勻。
3 把**1**慢慢加到**2**來進行混合。
4 用細的濾網將**3**過濾之後倒回鍋內。
5 一邊將**4**攪拌一邊用火加熱，製作成卡士達鮮奶油。
6 將奶油加到**5**，移到四角盆內散熱。
7 將**6**跟確實攪拌發泡的鮮奶油香堤加在一起混合。

＜千層派麵團＞（準備份量）
低筋麵粉（Violet） 250g
高筋麵粉 250g
冷水 250ml
鹽 12g
無鹽奶油**A** 80g
無鹽奶油**B** 375g

1 將低筋麵粉與高筋麵粉篩過之後放到電動攪拌器內，一邊用低速進行攪拌，一邊將退冰到常溫的奶油**A**撕成小塊加入，混合在一起。
2 用冷水將鹽溶化，一邊用低速攪拌一邊灑到**1**的各處使其均勻的散佈。
3 從攪拌機內取出整理成一團，放到冰箱冷藏1個小時。
4 把**3**伸展開來將奶油**B**包住，3摺2次（改變方向）之後用塑膠袋包住，放到冰箱冷藏1個小時以上。重複這個步驟3次，總共為3摺6次。
5 擀到2.5mm的厚度，開孔之後用190℃烤20分鐘。

＜傑諾瓦士蛋糕麵糊＞
※參閱94頁「特製水果酥餅」

＜組合與修飾＞
澀皮栗／巧克力藝術／鮮奶油香堤（參閱94頁「特製水果酥餅」）／茴芹

1 以上下顛倒的方式來進行組合，在圓頂型的模具內放入1.5cm厚的傑諾瓦士蛋糕切片，倒入鮮奶油香堤，用傑諾瓦士蛋糕、外交官式鮮奶油、傑諾瓦士蛋糕的順序疊上，塗上外交官式鮮奶油，蓋上用直徑12cm的模具所分割出來的千層派，冷卻凝固。
2 從模具卸下，在表面塗上鮮奶油香堤。
3 將和栗鮮奶油裝到擠花袋內，用寬的花嘴從下層擠出5層的花邊。放上澀皮栗，用茴芹進行裝飾，並將巧克力藝術貼在周圍。

古典巧克力蛋糕 照片參閱第40頁

※直徑12cm10個

＜古典巧克力＞
甜巧克力 333g
無鹽奶油 250g
40%生奶油 124g
蛋黃 250g
細砂糖**A** 150g

蛋白霜
- 蛋白 677g
- 細砂糖**B** 467g

低筋麵粉（Violet）100g
可可粉 107g

1 將甜巧克力、奶油、生奶油、細砂糖**A**放到盆內，將容器泡到熱水使其融化。
2 將蛋黃加到**1**來迅速混合。
3 將蛋白倒到電動攪拌器內攪拌發泡，將細砂糖**B**分成3次左右加入，確實攪拌來製作成蛋白霜。
4 將**3**的3分之1加到**2**來進行混合，將事先篩過的低筋麵粉跟可可粉加入3分之1混合。將剩下的蛋白霜跟粉類分成2次輪流加入攪拌。
5 倒到塗上奶油（份量外）的模具內，放到烤箱用140℃的溫度烤80分鐘，烤的時候在烤盤周圍倒上水。

<巧克力慕斯>
炸彈糊｜蛋黃 62.4g
　　　｜細砂糖 28.4g
　　　｜水 8.3g
甜巧克力 92g
36%生奶油 139g

1 用電動攪拌器將蛋黃攪拌發泡。
2 將細砂糖跟水加熱到117℃之後加到**1**，製作成炸彈糊。
3 將容器泡到熱水讓巧克力融化，加上炸彈糊來稍微的混合。
4 將生奶油攪拌到發泡七分，加到**3**來進行混合。倒到直徑6cm的圓頂型模具內冷卻凝固。

<組合與修飾>
甜巧克力／鮮奶油香堤（參閱94頁「特製水果酥餅」）／巧克力淋漿（參閱95頁「巨蛋巧克力蛋糕」）／金箔

1 將巧克力淋漿倒到圓頂型的巧克力慕斯上。
2 在古典巧克力擠上鮮奶油香堤，放到**1**的上面。
3 用甜巧克力來製作裝飾品（參閱40頁），用貼在鮮奶油香堤的感覺來放上，最後用金箔進行裝飾。

紅　照片參閱第41頁

※直徑15cm7份

<傑諾瓦士蛋糕麵糊>（35cm×50cm的凝固板1片）
蛋（整顆） 963g
細砂糖 560g
低筋麵粉（Violet） 560g
36%生奶油 126g

※製作方法參閱94頁「特製水果酥餅」。

<白巧克力慕斯>
蛋黃 102g
細砂糖 20.4g
牛奶 50.4g
白巧克力 190.8g
36%生奶油 480g
板狀明膠 9.6g
櫻桃酒 12ml
碎覆盆子 適量

1 將細砂糖加到蛋黃，翻動底部來迅速混合到泛白。
2 將溫牛奶加到**1**並用火加熱，一邊混合一邊加熱到80℃，加上用水泡軟的明膠。
3 將白巧克力加到盆內，一邊進行攪拌，一邊用細的濾網將**2**過濾加入。
4 將**3**的容器泡到冷水來進行散熱，加上櫻桃酒，跟攪拌到發泡六分的生奶油混合。
5 倒到直徑12cm的環型蛋糕模具內，灑上碎覆盆子。
6 放到冰箱冷藏凝固。

<草莓慕斯>
草莓果泥（Mara de bois品種） 1100g
覆盆子果泥 220g
奶油乳酪 466.3g
檸檬汁 58.8g
柑曼怡 137.5g
板狀明膠 37.5g
細砂糖 297.5g
36%生奶油 582.5g

1 將退冰到常溫的奶油乳酪打散，攪拌到柔滑為止。
2 讓容器泡到熱水之中，將細砂糖、草莓果泥、覆盆子果泥加熱到32℃之後，一點一滴的加到**1**。
3 將柑曼怡跟用冷水泡軟的明膠放到盆內，將容器泡到熱水使其溶化之後，跟**2**加在一起。
4 將**3**的容器泡到冷水來進行散熱，出現濃稠的感覺之後，跟檸檬汁、發泡八分的生奶油加在一起混合。

<組合與修飾>
白巧克力／可可粉（黃）／巴拉金糖／色粉（黃）／鮮奶油香堤（參閱94頁「特製水果酥餅」）／草莓／覆盆子／鏡面果膠／金箔／茴芹／糖粉

1 將草莓慕斯倒到直徑15cm的環型蛋糕模具內，填滿2分之1的高度。
2 放上冷凍的白巧克力慕斯，用草莓慕斯將模具填滿。
3 蓋上用直徑15cm的模具所分割的，厚1cm的傑諾瓦士蛋糕。放到冰箱冷凍。
4 將巴拉金糖煮到170℃來製作成緞帶狀的糖人藝術（參閱37頁特製水果酥餅），將溶化的色粉噴上。
5 用白巧克力跟可可粉來製作成檸檬色的巧克力板（參閱37頁「特製水果酥餅」），配合蛋糕的高度與寬度來進行切割。將白巧克力融化，用平口的花嘴擠成花邊，噴上溶化的可可粉。
6 將**3**的模具卸下，用巧克力的花邊進行裝飾。在中央擠上鮮奶油香堤，放上草莓跟覆盆子來淋上鏡面果膠，在周圍貼上**5**的巧克力板，用金箔、茴芹、糖粉來進行裝飾。

PATISSERIE Les Cinq Épices
蛋糕店 五香　齋藤由季

櫻桃開心果巧克力蛋糕　照片參閱第44頁

※直徑15cm2份

<無麵粉蛋糕體>（60cm×40cm的烤盤1片）
生杏仁糊｜細砂糖 55g
　　　　｜杏仁粉 55g
　　　　｜蛋白 6g
蛋黃 300g
蛋白霜｜蛋白（事先冰過） 180g
　　　｜細砂糖 148g
55%苦巧克力 50g
可可粉 30g

1 將細砂糖、杏仁粉、蛋白放到攪拌盆內，用攪拌器以低速攪拌，製作成生杏仁糊。完成的感覺為整體凝固在一起。
2 一邊將蛋黃分成2～3次來加到**1**，一邊用攪拌器以低速混合。全部加入之後改成高速，攪拌到發泡、泛白為止。
3 將2分之1的細砂糖加到蛋白內，用電動打蛋器以中速攪拌發泡。質感變得較為細膩之後，把剩下的2分之1加入攪拌，製作成尾端慢慢下垂的蛋白霜。
4 將少量的蛋白霜加到**2**用塑膠刮板混合。將容器泡到熱水讓巧克力融化，2者混合之後再將可可粉加入混合。
5 將剩下的蛋白霜加入，用塑膠刮板進行混合，注意不要將氣泡壓破。
6 將烘焙墊放到烤盤上，將**5**倒入用對流加熱烤箱以190℃烤7分鐘，將烤盤的前後轉過來再烤3分鐘。散熱到可以作業的溫度後，用直徑15cm的環型蛋糕模具分割。

<開心果慕斯>（直徑12cm的環型模具2片、每片100g）
板狀明膠 1g
蛋黃 35g
細砂糖 8g
牛奶 21g
香草蘭豆莢 適量
開心果糊 21.2g
40%無糖奶油 123g

1 用水將明膠泡軟。
2 將蛋黃與細砂糖加在一起，翻動底部攪拌。
3 將香草蘭豆莢加到牛奶煮到80℃，跟**2**加在一起用小火加熱，持續混合來避免烤焦並煮到82℃。
4 從火移開，用電動打蛋器攪拌到柔滑。將明膠的水分去除之後再來加入，使其可以膨脹到原本的6倍（6g），溶化之後進行過濾。
5 將少量的**4**加到開心果糊，混合之後再將剩下的**4**加入，用打蛋器攪拌來確實進行乳化，注意不要混入空氣。將容器放到冰塊上用塑膠刮板攪拌，一樣注意不可混入空氣。
6 將發泡七分的無糖鮮奶油的3分之1加入，混合均勻之後將剩下的3分之2加入，攪拌時注意不要使其發泡。倒到環型蛋糕模具並放到冰箱冷凍。

<巧克力慕斯>
蛋黃 85g
細砂糖 42g
40%生奶油 51.8g
66%苦巧克力 173g
40%無糖鮮奶油 377g

1 將蛋黃跟細砂糖加在一起，翻動底部攪拌，倒入加熱到80℃的生奶油用小火煮熱，持續攪拌來避免燒焦，一路煮到82℃。
2 用電動打蛋器攪拌到柔滑之後過濾，將攪拌盆放到冰塊上，散熱到36℃。
3 將巧克力的容器泡到熱水，融化之後放到圓筒型的容器內，一邊將**2**一點一滴的加入，一邊用電動打蛋器確實的進行乳化。
4 將發泡七分的無糖鮮奶油加入3分之1，用電動打蛋器進行乳化，將剩下的3分之2加入，混合時注意不要加氣泡壓破。

<櫻桃糖煮水果>
細砂糖 50g
水 25g
香草蘭豆莢 0.1g
櫻桃 100g（約40粒）

1 在鍋中加入細砂糖、水、香草蘭豆莢一起煮沸後，放入櫻桃一起熬煮。
2 再次沸騰後將火熄滅，就這樣擺放至恢復常溫。

<巧克力淋漿>
水 200g
細砂糖 330g
可可粉 330g
35%生奶油 200g
板狀明膠 20g

1 將水跟細砂糖煮沸，加上可可粉來進行混合。
2 可可粉融化、整體出現光澤之後將生奶油加入混合，煮沸之後從火移開。
3 將容器放到冰塊上散熱到50℃，用電動打蛋器均等的攪拌到柔滑。加上去除水分的明膠，均勻的融化之後過濾。

<組合與修飾>
黑巧克力／金色噴霧／緞帶狀的巧克力裝飾／開心果（生）／可可碎片

1 將巧克力慕斯倒到環型蛋糕模具內，順著側面來整理表面，成為緩緩的漏斗狀。
2 將開心果慕斯從模具卸下來放到中央，將巧克力慕斯倒到跟開心果慕斯一樣的高度。將20顆櫻桃糖煮水果均等的排上，用巧克力慕斯倒到模具9分滿的高度。將無麵粉蛋糕體疊上，放到冰箱冷凍凝固。
3 將**2**從模具中卸下，蛋的那面朝下，倒上巧克力淋漿將表面覆蓋。
4 將四角形的黑巧克力貼到側面，表面噴上金色的噴霧，用緞帶狀的巧克力藝術、開心果、可可碎片進行裝飾。

檸檬占度亞蛋糕 照片參閱第46頁

※直徑15cm2份

<巧克力酥片>
可可酥片★ 265g
70%苦巧克力 22g
榛果果仁糖 22g

1 將可可酥片切成適當的大小。
2 將巧克力的容器泡到熱水，融化之後跟榛果果仁糖混合。加到**1**來進行混合。

★可可酥片（60cm×40cm的烤盤1片）
無鹽奶油 70.3g
細砂糖 66.5g
香草糖 3.8g
杏仁粉 70.3g
低筋麵粉 28.5g
可可粉 28.5g

1 將奶油、細砂糖、香草糖放到食物處理機內進行處理，加上杏仁粉來進行混合。將事先篩在一起的低筋麵粉與可可粉加入混合。
2 用網格較粗的大型濾網來製作成細長的長方形。放到對流加熱烤箱用150℃的溫度烤30～40分鐘。

<占度亞鮮奶油>
35%生奶油 36.3g
牛奶 36.3g
蛋黃 13.5g
細砂糖 13.5g
40%牛奶巧克力 187g
榛果果仁糖 71g
榛果占度亞 12.5g
35%無糖鮮奶油 165.7g

1 用鍋子將生奶油跟牛奶煮沸。
2 將蛋黃與細砂糖加在一起，翻動底部攪拌到泛白為止。一邊將**1**攪拌一邊倒入，全部加入之後倒回鍋內。一邊持續攪拌來避免燒焦一邊煮到82℃。用電動打蛋器攪拌到柔滑之後進行過濾。
3 將容器泡到熱水來讓巧克力融化，跟榛果果仁糖、榛果占度亞一起加到**2**，用電動打蛋器來確實進行乳化。
4 加上發泡七分的無糖鮮奶油，混合時注意不可將氣泡壓破。

<檸檬鮮奶油>
檸檬汁 46.6g
白酒 17.7g
蛋（整顆） 98g
細砂糖 98g
板狀明膠 3.3g
磨碎的檸檬皮 0.2g
無鹽奶油 33.3g
35%無糖鮮奶油 267g

1 將檸檬汁跟白酒煮沸。
2 將蛋（整顆）與細砂糖加在一起，翻動底部攪拌到泛白為止。一邊攪拌一邊將**1**倒入，全部加入之後倒回鍋內。一邊持續攪拌來避免燒焦，一邊煮到82℃。用電動打蛋器攪拌到柔滑，加入泡軟的明膠，溶化之後進行過濾。加上檸檬皮進行混合。
3 散熱到32℃之後加入常溫的奶油，用電動攪拌器進行乳化。
4 加上發泡七分的無糖鮮奶油，攪拌時注意不可將氣泡壓破。

<組合與修飾>
糖漬檸檬★／檸檬的馬卡龍★／透明鏡面果膠／黃跟綠的食用色素／可可碎片

1 將120g的巧克力酥片均等的鋪到環型蛋糕模具內，倒入260g的占度亞鮮奶油，放到冰箱冷凍凝固。
2 將280g的檸檬鮮奶油倒到**1**，放到冰箱冷凍凝固。
3 從環型蛋糕模具卸下，用加上黃色跟綠色色素的果膠在表面畫出模樣，完成之後再塗上一層透明的果膠。用馬卡龍跟糖漬檸檬裝飾之後灑上可可酥片。

★糖漬檸檬
檸檬、糖漿（細砂糖跟水相同比例） 適量

1 將檸檬切成1.5mm厚的薄片。
2 將糖漿與檸檬放到鍋內煮沸，鍋子邊緣開始冒泡之後馬上把火關掉。移到盆內，蓋上保鮮膜在常溫之下放置一個晚上。
3 將烘焙墊鋪到烤盤上，用紙將水擦乾之後再將檸檬排上，放到對流加熱烤箱用70℃的溫度乾燥3個小時。

將裝飾物製作成喜歡的味道跟造型，拓展表現上的幅度

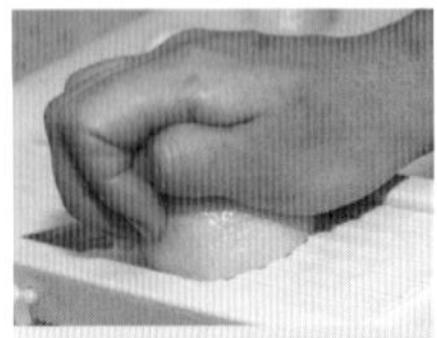
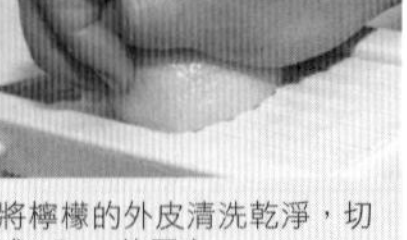

將檸檬的外皮清洗乾淨，切成1.5mm的厚度。

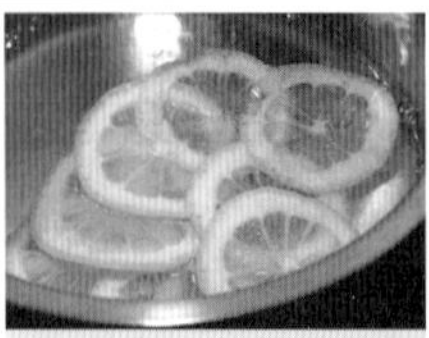

為了避免甜度過高，使用等比例的砂糖跟水，煮到鍋子邊緣開始冒泡之後馬上從火移開，放置一個晚上。

確實將水分去除，排到烤盤時不可重疊。用70℃的低溫烘烤3個小時來進行乾燥，成為發出結晶一般光澤的糖漬檸檬片。

★檸檬馬卡龍
馬卡龍麵糊
- 細砂糖 300g
- 杏仁粉 300g
- 蛋白 120g
- 食用色素（黃色） 適量
- 義式蛋白霜
  - 水 75g
  - 細砂糖 290g
  - 蛋白 110g

餡料
- 蛋（整顆） 200g
- 細砂糖 180g
- 檸檬汁 120g
- 無鹽奶油 260g
- 杏仁粉 75g

1 製作馬卡龍麵糊。將細砂糖、杏仁粉、蛋白、食用色素放到攪拌盆內來製作成生杏仁麵糊，翻動底部攪拌時避免讓空氣混入。
2 將水跟細砂糖加熱到118℃來製作成糖漿，慢慢將發泡五分的蛋白霜加入，確實攪拌發泡來製作成蛋白霜。
3 將**1**的3分之1加到**2**，用塑膠刮板以從下往上舀起的感覺大略攪拌。每次加入3分之1，均勻的攪拌柔滑。
4 將烤盤紙鋪到烤盤上，將麵糊放到擠花袋內擠出直徑2cm，拍打烤盤來將空氣去除。
5 將對流加熱烤箱的風門關閉，用145℃的溫度烤4分鐘。將烤盤的前後反轉，溫度調到150℃並將風門打開，再次烘烤20分鐘。
6 製作餡料。將細砂糖跟蛋（整顆）加在一起，倒上煮沸的檸檬汁，一邊用打蛋器攪拌一邊用中火加熱。煮到82℃之後從火移開，用電動打蛋器攪拌到柔滑之後過濾。
7 散熱到32℃之後加上蠟狀的奶油，用電動打蛋器進行乳化。最後將杏仁粉加入，用電動打蛋器攪拌到柔滑。
8 將**7**擠在完成的馬卡龍上，疊上另外一片馬卡龍來夾住。

巧克力蘭姆葡萄乾蛋糕 照片參閱第47頁

※直徑12cm1個份

<巧克力傑諾瓦士蛋糕>（60cm×40cm的烤盤1片）
蛋（整顆） 570g
細砂糖 360g
低筋麵粉 210g
玉米粉 60g
可可粉 43g
無鹽奶油 70g
牛奶 43g
轉化糖 60g

1 將蛋（整顆）與細砂糖加熱到50℃，用電動攪拌器混合。調整到將200g的量杯倒滿時，剛好會是46g的重量。
2 將事先篩在一起的低筋麵粉、玉米粉、可可粉加入。用塑膠刮板混合時避免將氣泡壓破，調整到將200g的量杯倒滿時，剛好會是71g的重量。
3 將無鹽奶油、牛奶、轉化糖加熱到幾乎沸騰的溫度之後跟**2**混合，倒到鋪上烘焙墊的烤盤上，放到對流加熱烤箱用175℃的溫度烤13分鐘。散熱到可以作業的溫度後按照模具尺寸來切成正方形。

<蘭姆葡萄乾>（每份使用20g）
葡萄乾 360g
水 180g
細砂糖 80g
蘭姆酒 90g

1 將葡萄乾、水、細砂糖、60g的蘭姆酒煮沸，開始冒泡之後把火關掉移到另一個容器，加上30g的蘭姆酒。散熱到可以作業的溫度後，放到冰箱冷藏保存。

<甘納許>（每份50g）
牛奶 31g
40%生奶油 10g
75%苦巧克力 24g
80%苦巧克力 24g
無鹽奶油 12g
蘭姆酒 6g

1 將牛奶跟生奶油煮沸，透過熱水讓巧克力融化之後倒入，用打蛋器進行混合。
2 移到圓桶狀的容器內，用電動打蛋器確實進行乳化，出現光澤之後將容器放到冰塊上，散熱到30℃為止。
3 加上蠟狀的奶油跟蘭姆酒，用電動打蛋器攪拌到柔滑來確實的進行乳化。

<奶油霜果仁糖>（每份使用200g）
細砂糖 2640g
水 600g
香草糊 26.4g
蛋黃 395g
蛋（整顆） 825g
無鹽奶油 4950g
榛果果仁糖 1250g

1 將細砂糖、水、香草糊煮到118℃。
2 將蛋黃跟蛋（整顆）放到攪拌盆內，把**1**加入之後一邊用打蛋器以高速攪拌一邊進行散熱，冷卻到可以作業的溫度之後改成低速來進行混合。
3 將蠟狀的奶油慢慢加到**2**，用電動打蛋器確實進行乳化。
4 加上榛果果仁糖用塑膠刮板混合。

<巧克力淋漿>
水 200g
細砂糖 330g
可可粉 330g
35%生奶油 200g
板狀明膠 20g

1 將水跟細砂糖煮沸，加上可可粉來進行混合。
2 當可可粉融化出現光澤之後，加上生奶油來進行混合，煮沸之後從火移開。
3 將容器放到冰塊上，散熱到50℃之後用電動打蛋器攪拌均勻、柔滑。加上去除水分的明膠，均勻的溶化之後進行過濾。

<組合與修飾>
黑巧克力★

1 將傑諾瓦士蛋糕鋪到凝固板內，把調溫到30℃的甘納許倒上之後塗抹均勻。
2 將蘭姆葡萄乾去除水份之後均等的灑上。
3 用奶油霜果仁糖將整個模具倒滿，放到冰箱冷凍凝固。
4 從模具中卸下，在表面塗上巧克力淋漿並疊上黑巧克力。

★黑巧克力
55%苦巧克力、金色噴霧 適量

1 將OPP膜鋪到凝固板上，將調溫過的巧克力均等且薄薄的延伸，用大小不同的圓型模具分割並灑上金色的噴霧。

溶漿朝聖餅　照片參閱第48頁

※直徑12cm1個份

＜麵糊＞
杏仁粉　220g
轉化糖　15g
細砂糖　130g
蛋（整顆）166g
香草蘭豆莢　7g
杏仁酒　15g
法國產小麥粉（Type 55）　50g
融化的奶油　125g
溶漿、30波美度的糖漿　適量
歐白芷、浸漬瀝乾櫻桃、杏仁　適量

1 將杏仁粉、轉化糖、細砂糖、蛋（整顆）、香草蘭豆莢跟杏仁酒加在一起，用打蛋器翻動底部混合。
2 加上篩過的小麥粉並用塑膠刮板進行混合，注意不要讓空氣混入。粉的感覺消失之後加上融化的奶油，混合時一樣注意不要讓空氣混入，攪拌到質感均一、整齊為止。
3 在12cm模具的內側鋪上烤盤紙之後將麵糊倒入。用底部輕輕敲打作業台來去除空氣，將表面抹平之後，放到烤盤用對流加熱烤箱以140℃的溫度烤60分鐘，將模具跟紙卸下，散熱到可以作業的溫度。
4 加入糖漿把溶漿調整到適當的硬度，倒在**3**的上面，並用浸漬瀝乾的櫻桃、杏仁來進行裝飾。

巴黎布雷斯特蛋糕　照片參閱第49頁

※約9份

＜泡芙麵糊＞
（內徑6cm、外形9cm的9個）
牛奶　100g
水　100g
無鹽奶油　94g
鹽　300g
細砂糖　6g
低筋麵粉　120g
蛋（整顆）192g
蛋漿（將整顆蛋打散之後過濾）　適量
杏仁（約2～3mm）、杏仁片、糖粉　適量

1 將牛奶、水、奶油、鹽、細砂糖放到鍋內用火加熱，煮沸之後從火移開。
2 將篩過的低筋麵粉加入混合，再次用火加熱，一邊用木鏟混合一邊煮到鍋底出現薄膜（小麥粉糊化）為止。
3 移到攪拌盆內，一邊用攪拌器以低速混合一邊將蛋慢慢加入。
4 放到擠花袋內在烤盤擠上環狀。用刷子塗上蛋漿，用沾上水的叉子背面輕輕壓住，均等的灑上杏仁與杏仁片。
5 放到對流加熱烤箱用200℃烤15分鐘，將溫度調到180℃烤10分鐘。更進一步將溫度調到150℃並將風門打開再烤20分鐘。散熱到可以作業的溫度後將糖粉篩上。

＜卡士達鮮奶油＞
牛奶　250g
香草蘭豆莢　1/4根
細砂糖　60g
蛋黃　50g
低筋麵粉　11g
玉米粉　11g
無鹽奶油　20g

1 用鍋子將牛奶、香草蘭豆莢、20g的細砂糖加熱到80℃。
2 將蛋黃與40g的細砂糖加在一起，翻動底部攪拌混合，將篩在一起的玉米粉跟低筋麵粉加入，翻動底部攪拌，注意不要讓麩質出現。加到**1**來進行混合。
3 過濾到鍋子內，香草的豆莢也一起放進去。
4 用木鏟持續攪拌鍋底來避免燒焦，均等的煮出濃稠感。濃稠之後從火移開，加上奶油來進行混合。移到淺的四角盆內，讓表面跟保鮮膜密合在一起來急速冷凍。

＜焦糖慕斯林＞
焦糖｜細砂糖　144g
｜35%生奶油　131g
｜香草蘭豆莢　0.66g
｜牛奶　200g
蛋黃　210g
細砂糖　131g
無鹽奶油　600g

1 製作焦糖。將大約4分之一到3分之1的細砂糖放到銅鍋內，用小火加熱。當細砂糖融化變得透明之後，把足以將其包住的砂糖分成3～4次加入。開始變色之後把火加大。
2 在同一時間，將香草蘭豆莢的內部挖出，加到生奶油內煮沸，當**1**煮成較濃的金黃色之後加入並馬上從火移開，加上60℃的牛奶使其混合。
3 將蛋黃與細砂糖加在一起，翻動底部攪拌。
4 當**2**的溫度達到80℃之後跟**3**加在一起用小火加熱，用打蛋器持續混合來避免燒焦，達到82℃之後從火移開進行過濾，用電動打蛋器攪拌到柔滑。
5 將容器放到冰塊上，一邊用木鏟攪拌一邊散熱到30℃。
6 將蠟狀的奶油放到攪拌盆內，一邊用攪拌器以低速攪拌一邊將**5**慢慢的加入混合。

＜組合與修飾＞
榛果果仁糖　60g（1片的份量）

1 將泡芙麵體從3分之2的高度水平切開。
2 用圓形花嘴在下方的麵體擠上榛果果仁糖，一樣用圓形花嘴擠上卡士達鮮奶油來當作第二層。
3 用星形花嘴將焦糖慕斯林擠在**2**的周圍來當作裝飾，把上方的麵體蓋上。

Etoile de Kobe

神戸之星　小田友彦

粉紅小豬蜂蜜派　照片參閱第52頁

＜蜂蜜千層酥＞（最低限度的準備份量、直徑12cm約10～15份）
水　180g
蜂蜜　200g
無鹽奶油　450g
發酵奶油　225g
高筋麵粉　200g
低筋麵粉　600g
鹽　10g

1 將水跟蜂蜜加在一起，把容器泡到熱水內使其融合，放到冰箱冷藏，散熱到5℃以下。
2 將無鹽奶油跟發酵奶油切成大約3cm×3cm×1.5cm的大小，放到冰箱冷藏。
3 把低筋麵粉、高筋麵粉、鹽加在一起混合，把**2**灑上去用**1**連結在一起。放到冰箱冷藏3個小時以上。
4 擀到4mm的厚度之後4摺2次，放到冰箱冷藏2個小時以上。
5 再次擀到4mm的厚度一樣4摺2次，放到冰箱冷藏。

＜杏仁鮮奶油＞（最低限度的準備份量、直徑12cm約10～15份）
無鹽奶油 600g
幼糖 600g
杏仁粉（無皮） 500g
杏仁粉（烘焙） 100g
蛋（整顆） 8顆
卡士達鮮奶油 200g
蘭姆酒 30g

1 將無鹽奶油調整成蠟狀，幼糖與2種杏仁粉各加入一半來確實搗碎，將蛋（整顆）加入混合。
2 將剩下的杏仁粉加入，加上卡士達鮮奶油與蘭姆酒，用手混合均勻之後放到冰箱冷藏。

＜醃泡漿果＞（直徑12cm3份＋小蛋糕20份）
草莓 200g
歐洲莓（冷凍） 200g
覆盆子（冷凍）100g
海藻糖 100g
草莓酒 100g

1 將草莓切塊，加上其他的漿果類，用海藻糖跟草莓酒進行醃泡。
2 浸泡30分鐘，將果實與糖漿分開。

＜草莓蛋白霜＞
A | 蛋白 250g
乾燥蛋白 10g
細砂糖 150g
海藻糖 150g
草莓濃縮酒（Gourmandise） 20g
草莓糊（Mikoya香商） 20g
冷凍乾燥的草莓粉 25g

1 將**A**的材料加在一起，將容器泡到熱水來加熱到75℃以上，確實製作成蛋白霜。
2 將剩下的材料加到**1**來進行混合。

＜草莓醬汁＞（準備份量）
透明鏡面果膠 800g
水 100g
A | 草莓（整顆、冷凍） 200g
草莓果泥 200g
草莓糊（Mikoya香商） 20g
草莓濃縮酒（Gourmandise） 20g
草莓酒 40g

1 將透明鏡面果膠跟水加在一起，直接用火煮沸。
2 將**A**的材料混合在一起，用食物處理機處理成泥狀，加到**1**來煮熱。

＜組合與修飾＞
糖粉／切碎的派皮麵團／杏仁切片／巧克力醬汁／草莓

1 將蜂蜜千層酥擀到1.5mm的厚度，用比直徑12cm蛋糕環更大一號的尺寸來進行分割，塞到12cm的蛋糕環內。
2 擠上杏仁鮮奶油，擺上醃泡漿果的果實。放到用200℃的上下火進行預熱的烤箱內，將風門關閉，用上火190℃、下火190℃烤20分鐘，將風門打開，用上火175℃、下火190℃烤20～30分鐘。烤好之後趁熱將醃泡漿果的果汁確實灑在杏仁鮮奶油的部分。
3 將草莓醬汁略微的塗在整個表面上，用草莓蛋白霜擠成小豬的造型，篩上裝飾用的糖粉後急速冷凍（也可不用冷凍直接完成）。解凍時稍微篩上糖粉，放到烤箱將風門關上，用上火190℃、下火170℃烤3分鐘，將表面加溫即可。
4 在蜂蜜千層酥的周圍塗上草莓醬汁，放上切碎的派皮稍微篩上糖粉，用杏仁切片當做耳朵，用巧克力醬汁畫出眼睛，最後放上草莓並篩上糖粉。

歐洲草莓蛋糕 照片參閱第54頁

※直徑15cm3份＋直徑12cm2份＋小蛋糕32個的份量

＜杏仁香堤＞
鮮奶油香堤※ 250g
杏仁牛奶糊（Mikoya香商） 25g
※將47%生奶油1000g、40%生奶油1000g、38%生奶油1000g、幼糖300g、白蘭地15g、香草酒（V.S.O/100g+Mikoya香商香草TH-3/10g）30g混合在一起所製成

1 將鮮奶油香堤與杏仁牛奶糊加在一起混合。

＜醃泡歐洲草莓＞
歐洲草莓（整顆、冷凍） 250g
草莓酒 25g

1 將歐洲草莓浸泡到草莓酒內。

＜歐洲草莓慕斯＞
A | 歐洲草莓果泥 300g
草莓果泥 300g
草莓濃縮酒（Gourmandise） 50g
草莓糊（Mikoya香商） 25g
細砂糖 125g
海藻糖 100g
B | 板狀明膠 36g
草莓酒 60g
檸檬酒 20g
檸檬果汁 25g
35%生奶油 1kg

1 將**A**加在一起，容器泡在熱水之中使其融化。
2 將生奶油確實攪拌發泡。
3 跟**B**加在一起用微波爐使其融化。
4 把**3**加到**1**來確實混合。將3分之1的份量加到**2**，確實混合之後與剩下的份量加在一起稍微混合。

＜白巧克力薄烤派皮碎片＞
白色包覆用巧克力（Cacao Barry公司） 300g
碎餅乾（DGF） 200g
切碎的派皮 100g

1 將融化的白色包覆用巧克力跟切碎的派皮、碎餅乾加在一起。

＜組合與修飾＞
草莓醬汁／鮮奶油香堤／果膠※／草莓／藍莓／覆盆子／巧克力片／糖粉
※將等量的森永Ange Clair與MARGUERITE的透明鏡面果膠加在一起製成

1 以上下顛倒來進行組合。擠上歐洲草莓慕斯，將環型蛋糕模具的3分之1填滿之後擠上杏仁香堤。放上醃漬歐洲草莓的果實，將剩下的慕斯擠上之後急速冷凍。
2 從模具中卸下，在底部鋪上白巧克力薄烤派皮碎片。擠上少量的香堤，將歐洲草莓慕斯放上去接著，進行急速冷凍。
3 從模具中卸下，用草莓醬汁畫出圖樣，再次急速冷凍。
4 塗上果膠，解凍之後用水果跟巧克力片進行裝飾，最後篩上糖粉。

西洋梨黑巧克力岩漿蛋糕 照片參閱第55頁

※直徑12cm4份＋直徑15cm2份＋小蛋糕60個的份量

＜巧克力淋漿＞（準備份量）
水 600g
細砂糖 800g
海藻糖 200g
可可 500g
35%生奶油 600g
板狀明膠 70g
透明鏡面果膠（MARGUERITE） 400g

1 將水、細砂糖、海藻糖加在一起用火加熱。以加熱到體溫的可可、生奶油的順序加入。
2 加上泡軟的明膠之後煮沸。
3 從火移開，將鏡面果膠加入之後過濾。

＜西洋梨芭芭露＞
西洋梨果泥 500g
A | 蛋黃 180g
牛奶 100g
香草蘭豆莢 1.5根
細砂糖 100g
海藻糖 20g
板狀明膠 15g
西洋梨酒 50g
西洋梨濃縮酒（Gourmandise） 30g
35%生奶油 600g
西洋梨（切塊） 2號罐頭1罐

1 將**A**的材料煮成英式奶油。將牛奶跟細砂糖一半的份量放到鍋內，香草蘭豆莢切開放入，煮到幾乎沸騰的溫度。
2 將蛋黃跟細砂糖加在一起，翻動底部混合之後跟**1**加在一起。將剩下的材料加入，煮到80℃以上之後從火移開，加上西洋梨酒跟西洋梨濃縮酒來進行過濾，跟西洋梨果泥混合。散熱到跟人體差不多的溫度。
3 將生奶油確實攪拌發泡之後加到**2**。
4 將西洋梨放到模具內，把**3**倒入之後急速冷凍。

＜Manjari巧克力慕斯＞
A | 64%黑巧克力（Valrhona「Manjari」） 600g
70%巧克力（Van Houten公司） 500g
轉化糖 100g
巧克力酒 40g
B | 35%生奶油 300g
47%生奶油 200g
蛋黃 240g
牛奶 250g
細砂糖 180g
海藻糖 60g
板狀明膠 36g
35%生奶油 2100g

1 將**A**的材料加在一起，讓容器泡到熱水使其融化。
2 將**B**煮成英式奶油（用一般法煮到80℃為止），跟**1**加在一起來進行乳化。
3 跟調整到45℃、確實攪拌發泡的生奶油加在一起。

＜達可瓦滋＞
A | 蛋白 450g
細砂糖 250g
海藻糖 100g
乾燥蛋白 5g
B | 糖粉 100g
杏仁粉（帶皮） 300g
低筋麵粉 75g
無鹽杏仁顆粒 適量
糖粉 適量

1 將**A**的材料混合在一起，確實攪拌發泡來製作成蛋白霜。
2 將**B**加在一起，篩過之後倒到**1**，用圓形花嘴擠出之後灑上杏仁顆粒並篩上糖粉。
3 用上火190℃、下火180℃來讓烤箱預熱，放入之後將風門打開，以上火200℃、下火180℃烤10分鐘之後再關閉風門，用上火190℃、下火180℃烤15～20分鐘。

＜組合與修飾＞
巧克力馬卡龍★／覆盆子巧克力★／巧克力片／金箔／金粉

1 用上下顛倒的順序來進行組合。將Manjari巧克力慕斯倒到環型蛋糕模具內，填滿到3分之1的高度，放上冷凍的西洋梨芭芭露，將剩下的Manjari巧克力慕斯倒入。

將達可瓦滋蓋到慕斯上面急速冷凍。

2 蓋上達可瓦滋之後急速冷凍。
3 從模具卸下。倒上用50℃融化、散熱到35℃的巧克力淋漿。
4 用巧克力片、馬卡龍、金箔、金粉來進行裝飾。

★巧克力馬卡龍
A | 水 60g
細砂糖 200g
蛋白 100g
B | 杏仁粉（無皮） 300g
糖粉 300g
可可 50g
C | 蛋白 100g
巧克力酒 20g
蘭姆酒 10g
紅色色素 微量

1 將**A**的水跟細砂糖煮到115℃製作成糖漿，加上確實攪拌發泡的蛋白來製作成義式蛋白霜。將紅色色素加入。
2 將**B**篩過，加上**C**、**1**的3分之2來進行攪拌，將剩下的**1**加上來製作成壓拌混合麵糊。
3 擠成直徑約3cm的心型，下方疊上2片烤盤，用上火180℃、下火160℃的溫度讓烤箱預熱，放到烤箱內將風門關上放置5分鐘，接著將風門打開用上火150℃、下火150℃烤10分鐘，將外側空氣送到烤箱內，並用上火100℃、下火100℃再烤10～15分鐘。

★覆盆子馬卡龍
A | 水 60g
細砂糖 200g
蛋白 100g
B | 杏仁粉（無皮） 300g
糖粉 300g
C | 蛋白 100g
覆盆子濃縮酒 60g
冷凍乾燥草莓粉 10g

1 用跟巧克力馬卡龍（上述）一樣的方法進行製作。

織女蛋糕 照片參閱第56頁

※直徑12cm3份、15cm2份、小蛋糕42個的份量

＜杏仁牛軋糖＞
綜合粉末Knusper 250g
杏仁顆粒（約2～3mm、帶皮） 200g
杏仁顆粒（約3～4mm、去皮） 100g
碎餅乾（DGF） 50g

1 將所有材料加在一起混合，攤到鋪上烤盤紙的烤盤來薄薄的延伸，用上火180℃、下火170℃烤20分鐘。

＜紅巧克力淋漿＞
A | 白巧克力 120g
巧克力歐蕾 150g
55%Noir巧克力 80g
B | 板狀明膠 8g
水 120g
紅色色素 2g
35%生奶油 300g
透明鏡面果膠（MARGUERITE） 700g

1 把生奶油煮沸之後將**B**加入，跟**A**加在一起進行乳化。
2 將透明鏡面果膠加到**1**，過濾之後放置一段時間。

＜鹹焦糖慕斯＞
焦糖（Sun-Eight） 280g
焦糖（Mikoya香商） 40g
加鹽的奶油 300g
鹽 2g
鮮奶油香堤※ 800g
※用1000g40%生奶油與100g細砂糖的比例混合製作。

1 把加鹽的奶油跟鹽加在一起，用微波爐使其融化。
2 透過將容器泡到熱水，來使2種焦糖加熱到跟人體差不多的溫度（約40℃）。
3 把1跟2加在一起散熱到30℃以下，跟鮮奶油香堤加在一起混合。
4 倒到矽膠模具之後急速冷凍。

＜巧克力咖啡慕斯＞

A | 70%巧克力 300g
64%黑巧克力（Valrhona「Manjari」）600g
巧克力歐蕾 500g
轉化糖 100g

B | 牛奶 1200g
板狀明膠 48g

C | 咖啡溶液（TRABLIT）8g
香甜咖啡酒 60g

35%生奶油 1800g

1 用火直接加熱來將B煮沸，跟混合在一起的A加在一起乳化。
2 把C加人，散熱到45℃。
3 跟確實攪拌發泡的生奶油混合在一起。

＜黑巧克力蛋糕＞

A | 60%巧克力 600g
70%巧克力 150g
發酵奶油 150g

B | 蛋白 900g
幼糖 600g
乾燥蛋白 10g

蛋黃 300g

C | 低筋麵粉 200g
杏仁粉 200g

1 把A加在一起，容器泡到熱水之中使其融化，調整到40～50℃。
2 把B的材料加在一起攪拌發泡，確實製作成蛋白霜。
3 把蛋黃加到2的攪拌器內混合，從攪拌器倒出，將3分之1的量跟1混合。
4 把3跟剩下3分之2的蛋白霜進行攪拌，跟C的粉類加在一起混合。
5 用圓形花嘴（10號）將4擠到烤盤上。放到用上火190℃、下火180℃預熱過的烤箱內，將風門關閉之後用上火200℃、下火180℃烤15分鐘，將風門打開，用上火180℃、下火180℃再烤15分鐘。

＜組合與修飾＞

巧克力片／銀色糖球（Argent）／糖粉

1 用上下顛倒的順序來進行組合。將巧克力咖啡慕斯倒到環型蛋糕模具內，填滿3分之1的高度，將冷凍的鹹焦糖慕斯放到中央，倒上巧克力咖啡慕斯。
2 放上杏仁牛軋糖，蓋上黑巧克力蛋糕之後急速冷凍。
3 從模具之中卸下，倒上紅巧克力淋漿。
4 用杏仁牛軋糖、巧克力片、銀色糖球、糖粉進行裝飾。

藍莓蛋糕 照片參閱第57頁

※60cm×40cm×高4cm的凝固板1片

＜藍莓淋漿＞

透明鏡面果膠（MARGUERITE）1000g
藍莓果泥 100g
藍莓酒 50g
檸檬果汁（Pulco Citron）15g

1 將所有材料加在一起，解凍之後確實的過濾，放到冰箱冷藏。

＜藍莓達可瓦滋＞

A | 蛋白 1200g
幼糖 600g
乾燥蛋白 20g

B | 杏仁粉（無皮）1000g
糖粉 300g
穀粉（Riz Farine）200g
海藻糖 200g

冷凍藍莓（整顆） 適量
糖粉 適量

1 用A來製作蛋白霜。
2 將B加入混合。
3 把2放到擠花袋內，用圓形花嘴擠到烤盤上，灑上冷凍的藍莓並篩上糖粉。
4 放到用上火190℃、下火180℃預熱的烤箱內，將風門關上，用上火200℃、下火180℃烤10分鐘，將風門打開，用上火190℃、下火180℃再烤15～20分鐘。

＜藍莓慕斯林＞

藍莓果泥 1200g

A | 牛奶 200g
蛋黃 240g

B | 細砂糖 400g
海藻糖 200g
卡士達鮮奶油（DGF）40g
加工澱粉（Query）20g
穀粉（Riz Farine）80g

蛋糕用奶油霜（Pour Pâtisserie）600g
藍莓酒 80g
鮮奶油香堤※ 600g
※用1000g的40%生奶油與100g細砂糖的比例製作而成。

1 用藍莓果泥、A跟B來煮成卡士達醬。先用牛奶煮到幾乎沸騰的溫度，再將蛋黃一點一滴的加入。
2 把B的材料加在一起篩過，跟1加在一起混合，加上藍莓果泥用火加熱，一邊攪拌一邊確實的煮熟。
3 把2過濾，加上藍莓酒、蛋糕用奶油霜，透過室溫來進行冷卻。
4 跟鮮奶油香堤加在一起混合。

＜藍莓蛋白霜＞

藍莓果泥 225g
水 75g
乾燥蛋白（ALBMINA、Sun-Eight）27g
細砂糖 200g

1 將藍莓果泥解凍，加上水跟乾燥蛋白，用食物處理機攪拌處理。
2 將細砂糖分成3～5次來加入，確實製作成蛋白霜。
3 擠到烤盤上，在90℃以上的烤箱放置2個小時以上來進行烘乾。

＜藍莓法式棉花糖＞（準備份量）

A | 藍莓果泥 400g
細砂糖 450g
海藻糖 150g
轉化糖 200g

B | 轉化糖 250g
板狀明膠 45g

1 將A的材料加在一起，加熱到110℃。
2 將B的材料加在一起，把1加入用攪拌機攪拌。
3 把2擠成棒狀，用室溫放置8小時以上。

＜組合與修飾＞

白色包覆用巧克力／果膠／白巧克力藝術／藍莓

1 將白色包覆用巧克力塗在當作底部的藍莓達可瓦滋上。
2 將藍莓慕斯林分成3等份，輪流疊上來讓藍莓達可瓦滋夾住，完成之後急速冷凍。
3 拿起刷子用藍莓淋漿來畫出圖樣，塗上透明的果膠之後進行分割。
4 用藍莓法式棉花糖、白巧克力所包覆的藍莓蛋白霜、白巧克力藝術、藍莓來進行裝飾。

Pâtisserie Chocolaterie Chant d'Oiseau

蛋糕店 巧克力專賣店 鳥之歌 村山太一

反烤蘋果塔 照片參閱第60頁

＜甜酥皮派皮＞（準備份量）
無鹽奶油 2700g
鹽 10g
細砂糖 1340g
蛋（整顆） 450g
低筋麵粉 4400g
杏仁鮮奶油★ 適量

1 將鹽加到奶油並調整成蠟狀，跟細砂糖加在一起，翻動底部混合。
2 把蛋加入，加上篩過的低筋麵粉來進行混合。
3 把**2**整理成一團之後用保鮮膜包住，放到冰箱冷藏一個晚上。
4 將**3**的麵團擀到3mm的厚度，鋪到直徑15cm的塔型模具內。
5 擠上杏仁鮮奶油，放到烤箱用165℃的溫度烤30分鐘。

★杏仁鮮奶油（準備份量）
無鹽奶油 1800g
糖粉 1800g
蛋（整顆）1760g
卡士達鮮奶油（參閱下方） 900g
西班牙產杏仁粉 1800g
蘭姆酒 120g

1 將奶油調整成蠟狀，跟糖粉加在一起，翻動底部混合。
2 將打散的蛋慢慢加入混合，跟卡士達鮮奶油加在一起攪拌均勻。
3 跟篩過的杏仁粉混合，加上蘭姆酒攪拌均勻。

＜卡士達鮮奶油＞（準備份量）
牛奶 3000g
香草蘭豆莢 3根
細砂糖 480g
加糖蛋黃 800g
低筋麵粉 135g
鮮奶油粉 135g
無鹽奶油 200g

1 將牛奶、種子挖出的香草蘭豆莢連同豆莢一起放到鍋內，加熱到幾乎沸騰的溫度。
2 將蛋黃跟細砂糖混合到濃稠為止，將篩在一起的低筋麵粉跟鮮奶油粉加入混合。
3 把**1**慢慢加到**2**來進行混合，過濾到鍋內。
4 用火把**3**加熱，一邊攪拌一邊煮到冒泡。
5 把鍋子從火移開，加上奶油來進行混合。
6 倒到四角盆內蓋上保鮮膜，將容器泡到冰水急速冷凍之後，放到冰箱冷藏。

＜蘋果糖煮水果＞
蘋果（紅玉）※ 4公斤
細砂糖 1000g
果膠 30g
※蘋果可以使用紅玉以外的品種，但收穫之後經過的時間越久，果肉越軟外觀也越容易變形，必須選擇新鮮且較硬的品種。另外若是使用富士或Sun津輕等酸味較低的品種，可以加入蘋果份量5%的檸檬汁。

1 將蘋果去皮之後切成4等份，將核切除。
2 將一半的細砂糖放到鍋內用火加熱，煮成焦糖狀之後把火關掉。
3 不再冒泡且發出霹啪聲時，把**1**放入再次將火打開。
4 攪拌鍋內讓所有蘋果都能被焦糖裹住，將果膠與剩下的細砂糖加入。
5 混合均勻之後用中火煮到濃稠。

＜組合與修飾＞
紅砂糖跟糖粉（用來焦糖化）／鮮奶油香堤※／肉桂粉／裝飾用巧克力／金箔／糖粉
※將等比例38%、45%生奶油混合，加上8%的糖。

1 將烤好的甜酥皮派皮放到直徑15cm的環型蛋糕模具內，塗上卡士達鮮奶油，擠上蘋果糖煮水果，放到冰箱冷凍凝固。
2 將模具卸下，灑上紅糖用抹刀塗抹均勻，用噴槍烤焦。再次均勻的灑上紅糖，用噴槍烤焦。
3 灑上薄薄一層糖粉，用噴槍進行烘烤。
4 擠上鮮奶油香堤並篩上肉桂粉，用巧克力進行裝飾之後篩上糖粉，最後灑上金箔。

森林之福 照片參閱第62頁

＜榛果蛋糕＞（60cm×40cm的法式烤盤2片）
杏仁糊 450g
榛果糊 450g
蛋（整顆） 630g
融化的奶油（無鹽） 400g
白蘭地 35g
低筋麵粉 420g
發粉 6g

1 將杏仁麵糊、榛果麵糊、蛋放到攪拌機內攪拌，確實攪拌發泡到稍微留有條紋的程度。
2 取出少量的**1**，將融化的奶油跟白蘭地混合在一起時加入。
3 將篩過的發粉跟低筋麵粉慢慢加到**1**來進行混合。
4 把**2**加入之後迅速的混合。
5 倒到鋪上烤盤紙的烤盤上，放到烤爐用160℃的溫度烤13分鐘。

蛋糕的麵糊攪拌次數不可太多，避免將氣泡壓破

為了用最少的次數將材料混合，用攪拌機將杏仁麵糊、榛果麵糊、蛋確實攪拌發泡，混合到沒有條紋為止。

若是突然將融化的奶油加入會對麵糊造成傷害。必須將少量的麵糊加到奶油，使其融合在一起。

跟低筋麵粉混合之後，加上跟奶油混合在一起的麵糊。讓雙方麵糊的性質接近，會比較容易融合。

＜榛果達可瓦滋＞
（60cm×40cm的法式烤盤2片）
蛋白霜 | 蛋白 700g
　　　 | 乾燥蛋白 25g
　　　 | 細砂糖 300g
榛果果仁糖 200g
榛果粉 300g
西班牙產杏仁粉 200g
低筋麵粉 120g
糖粉 210g

1 將蛋白、乾燥蛋白、細砂糖攪拌到發泡八分，確實製作成蛋白霜。
2 將剩下的材料篩過之後加到**1**來進行混合。
3 倒到烤盤上，將烤箱的風門打開，用165℃的溫度烤15分鐘。

＜榛果奶油霜＞（60cm×40cm的法式烤盤2片）
榛果糊 1170g
無鹽奶油 1100g
榛果果仁糖 650g

1 將榛果糊稍微加熱使其變軟，跟硬度差不多的奶油混合在一起。
2 將榛果果仁糖加到**1**來進行混合。

<巧克力甘納許>（60cm×40cm的法式烤盤2片）
66%黑巧克力 490g
40%牛奶巧克力 240g
A | 38%生奶油 800g
| 轉化糖 60g
無鹽奶油 180g

1 將巧克力加熱到45℃融化，加上煮沸的**A**來進行乳化。
2 散熱到32℃，加上蠟狀的奶油來進行混合。
3 倒到烤盤上進行散熱。

<榛果鮮奶油香堤>（大型蛋糕1份）
鮮奶油香堤※ 30g
榛果果仁糖 30g
※將等量的38%、45%的生奶油混合，加上8%的糖。

1 將攪拌到發泡七分的鮮奶油香堤跟榛果果仁糖混合在一起。

<組合與修飾>
榛果／榛果牛軋糖★／焦糖化的榛果／巧克力藝術／糖人藝術／金箔

1 將榛果蛋糕鋪到凝固板內，將榛果奶油霜倒入之後塗抹均勻，灑上切碎的榛果。
2 疊上榛果達可瓦滋，倒入巧克力甘納許用抹刀塗抹均勻，灑上切碎的榛果。
3 疊上榛果蛋糕，放到冰箱冷凍凝固。
4 切成13cm×13cm的大小，擠上榛果鮮奶油香堤，用榛果牛軋糖、焦糖化的榛果、巧克力藝術、糖人藝術、金箔來進行裝飾。

★榛果牛軋糖（60cm×40cm的法式烤盤1片半）
無鹽奶油 110g
細砂糖 150g
果膠 3g
牛奶 50g
麥芽糖 50g
切成粗粒的榛果 20g

1 將榛果粗粒以外的材料放到鍋內煮沸。
2 把火關掉之後將榛果粗粒加入混合。
3 薄薄的鋪在烘焙墊上，放到烤箱用170℃的溫度烤15分鐘左右。

紀念蛋糕 照片參閱第63頁

<巧克力達可瓦滋>（60cm×40cm的法式烤盤1片半）
蛋白霜 | 蛋白 600g
| 乾燥蛋白 8g
| 細砂糖 200g
西班牙產杏仁粉 370g
糖粉 250g
可可粉 50g
低筋麵粉 50g

1 用蛋白、乾燥蛋白、細砂糖在還屬於柔軟的範圍內製作成發泡較硬的蛋白霜，將剩下的材料篩在一起之後加入混合。
2 倒到烤盤上，放到烤箱用165℃的溫度烤15分鐘。

<薄烤派皮碎片>（60cm×40cm的法式烤盤2片）
40%牛奶巧克力 280g
榛果果仁糖 440g
碎餅乾 440g

1 將融化的巧克力跟榛果果仁糖混合。
2 放到160℃的烤箱將碎餅乾稍微烤過，跟**1**混合在一起。
3 在膠膜上將**2**薄薄的延伸，疊上另一層膠膜夾住，用擀麵棍更進一步壓薄。

<漿果的糖煮水果>（大型蛋糕20份的量）
A | 冷凍草莓（整顆） 700g
| 冷凍覆盆子（破碎） 700g
| 冷凍藍莓（整顆） 500g
| 細砂糖 400g
| 檸檬果汁 125g
| 果膠 19g
板狀明膠 34g
草莓力嬌酒 60g

1 將**A**的材料放到鍋內將火打開，一邊攪拌一邊進行加熱。
2 煮沸之後將火關掉，加上泡軟的明膠使其溶化。
3 散熱到可以作業的溫度後，將草莓力嬌酒加入混合，將容器泡到冰水內來進行散熱。
4 在直徑12cm的矽膠模內倒入1cm的厚度，放到冰箱冷凍凝固。

<巧克力慕斯>（大型蛋糕20份的量）
A | 加糖蛋黃 328g
| 牛奶 424g
| 38%生奶油 635g
紅糖 535g
無鹽奶油 260g
38%生奶油**a** 860g
香草的豆莢 2.5根
板狀明膠 12g
58%黑巧克力 1380g
40%牛奶巧克力 340g
38%生奶油**b** 3080g

1 用冰冷的狀態將**A**混合。
2 將紅糖放到鍋內用火煮熱，一邊攪拌一邊讓紅糖均等的融化。開始冒煙之後調到小火，大約1分鐘之後整體膨脹氣泡變小，冒煙的程度越來越劇烈。煙霧開始增加之後放置一個呼吸的時間（約5秒），讓焦糖化的作業結束。
3 把火關掉之後將無鹽奶油與生奶油**a**加入混合，用小火加熱到幾乎沸騰。
4 把**3**加到冰冷狀態的**1**，放入香草的豆莢，一邊攪拌一邊煮到85℃。
5 用83～85℃的溫度煮1分鐘之後從火移開，加入泡軟的明膠使其溶化。
6 一邊過濾到巧克力之中一邊攪拌來進行乳化。
7 溫度降到43℃之後，跟攪拌到發泡六分的生奶油**b**加在一起。

<噴槍用的可可奶油>
可可奶油 100g
巧克力用色素（紅）15g

1 一邊將可可奶油加熱使其融化，一邊跟色素混合。

<組合與修飾>
巧克力淋漿／巧克力藝術／糖人藝術／覆盆子／銀箔

1 用直徑12cm的環型蛋糕模具將薄烤派皮碎片與巧克力達可瓦滋分割。
2 將巧克力慕斯倒到直徑15cm的環型蛋糕模具內，填滿6分的高度，放上漿果糖煮水果、巧克力達可瓦滋。倒入少量的巧克力慕斯，用薄烤派皮碎片、巧克力達可瓦滋的順序疊上，放到冰箱冷凍凝固。
3 讓巧克力慕斯的那面朝上從模具卸下，在表面噴上可可奶油，用巧克力淋漿擠出螺旋狀。用巧克力藝術、糖人藝術、覆盆子、銀箔進行裝飾。

溶漿巧克力蛋糕 照片參閱第64頁

<榛果巧克力脆片>（大型蛋糕24份的量）
40%牛奶巧克力 660g
切成粗粒的榛果 620g
碎餅乾 850g
榛果果仁糖 1200g

1 將巧克力融化，跟剩下的材料混合在一起。
2 延伸到0.5mm的厚度，放到冰箱冷凍凝固。

<無麵粉的巧克力蛋糕體>（60cm×40cm的法式烤盤3片）
蛋白霜 | 蛋白 650g
| 細砂糖 400g
冷凍蛋黃 550g
可可粉 180g

1 將蛋白跟細砂糖確實攪拌發泡，製作成不會有乾燥感的蛋白霜。

2 將冷凍蛋黃分成數次加入**1**，迅速進行混合。
3 將篩過的可可粉加到**2**，攪拌時注意不要將氣泡壓破。
4 倒到烤盤上，放到烤箱用170℃的溫度烤大約8分鐘。

＜苦巧克力甘納許＞（大型蛋糕15份的量）
38%生奶油 2440g
轉化糖 150g
香草蘭豆莢 2根
巧克力（Valrhona「P125 Coeur de Guanaja」）200g
58%黑巧克力 660g
40%牛奶巧克力 330g
阿瑪涅克白蘭地酒 160g

1 將生奶油、轉化糖、香草蘭豆與豆莢一起放到鍋內煮沸。
2 將3種巧克力加在一起融化到45℃。
3 將**1**的香草豆莢去除，把**2**分成數次加入混合，確實進行乳化。
4 將白蘭地倒入攪拌均勻。

＜巧克力淋漿＞（準備份量）
水 3100g
38%生奶油 2300g
細砂糖 2000g
海藻糖 800g
麥芽糖 800g
板狀明膠 190g
低筋麵粉 100g
可可粉 1600g

1 將可可粉以外的所有材料放入鍋中加熱至沸騰。
2 邊攪拌邊加入可可粉，再煮至沸騰。
3 鍋子從火上取下，用攪拌器攪拌到柔滑然後過濾。

＜組合與修飾＞
巧克力藝術★／金箔／糖粉

1 將苦巧克力甘納許倒到直徑15cm的環型蛋糕模具內，用直徑15cm的模具將無麵粉的巧克力蛋糕體分割之後疊上。
2 重複步驟**1**來製作出共4層，蓋上用直徑15cm的模具分割的榛果巧克力脆片，急速冷凍。
3 將榛果巧克力脆片的那面朝下從模具之中卸下，倒上巧克力淋漿，放到冷凍室進行冷卻。
4 將烤盤放到冷凍室充分冷卻之後，倒上融化到45℃的巧克力並切成條狀（長度約蛋糕的圓周＋10cm），捲到**3**上面。用巧克力藝術跟金箔進行裝飾，最後篩上糖粉。

★巧克力藝術
58%甜巧克力 適量

1 將烤盤放到冰箱冷凍，冷卻到負20℃左右。
2 將巧克力融化到45℃。
3 將烤盤從冰箱拿出，馬上用適當的寬度將**2**倒成一直線，趁光澤消失的那一刻用刀子切成條狀。
4 迅速捲成喜歡的造型。

綠紅蛋糕 照片參閱第65頁

＜開心果蛋糕體＞＜60cm×40cm的法式烤盤8片＞
杏仁糊 1380g
開心果糊 520g
蛋（整顆）698g
加糖蛋黃 572g
蛋白 386g
蛋白霜｜蛋白 1238g
｜細砂糖 582g
｜海藻糖 204g
低筋麵粉 348g
玉米粉 348g

1 將杏仁糊跟開心果糊輕微的混合在一起。
2 將蛋（整顆）、加糖蛋黃、蛋白加在一起混合到泛白為止，一邊慢慢的加到**1**一邊進行混合，注意不可分離。
3 將蛋白、細砂糖、海藻糖確實製作成蛋白霜。
4 將低筋麵粉跟玉米粉混合之後篩過，跟**2**加在一起混合。
5 將**3**的蛋白霜分成數次加入，迅速進行混合。
6 倒到烤盤之後，放到烤箱用180℃的溫度烤10分鐘。

＜開心果鮮奶油慕斯林＞（準備份量）
義式蛋白霜｜細砂糖 400g
｜水 170g
｜蛋白 342g
無鹽奶油 1832g
卡士達鮮奶油（參閱103頁「反烤蘋果塔」）2106g
開心果糊 480g

1 將細砂糖跟水加到鍋子內用火加熱，煮到117℃。
2 將蛋白攪拌發泡，慢慢加到**1**來製作成義式蛋白霜。
3 將奶油調整到常溫的鮮奶油狀，加到泛白為止，倒入開心果糊進行混合。
4 將調溫到20～25℃的卡士達鮮奶油加到**3**來進行混合。
5 將**2**的蛋白霜加到**4**攪拌到柔滑的狀態，注意不要將氣泡壓破。

＜覆盆子種子＞（準備份量）
碎覆盆子 2000g
細砂糖 1000g
檸檬汁 100g
果膠 35g

1 將碎覆盆子、細砂糖、檸檬汁放到鍋內，一邊混合一邊煮到糖度55brix。
2 加上果膠進行混合。

＜組合與修飾＞
鏡面果膠／覆盆子／開心果／巧克力藝術／金箔

1 在開心果蛋糕體放上開心果鮮奶油慕斯林（4分割的其中之一），塗上薄薄一層覆盆子種子。用均等的厚度反覆製作出4層，放到冰箱冷藏1個晚上。
2 切成13cm×13cm的大小，表面塗上鏡面果膠，用覆盆子、開心果、巧克力藝術、金箔進行裝飾。

au temple du goût

美味的殿堂 細谷 寛

橘子焦糖蛋糕 照片參閱第68頁

※直徑15cm2份

＜無麵粉的巧克力蛋糕體＞
蛋黃 120g
糖粉 65g
巧克力（Valrhona「Caraïbe」）80g
蛋白霜｜蛋白 150g
｜細砂糖 65g

1 將蛋黃與糖粉攪拌發泡，成為舀起之後有如緞帶一般掉落的狀態。
2 將巧克力融化到45℃，跟**1**混合在一起。
3 將蛋白跟細砂糖攪拌到發泡八～九分，確實製作成蛋白霜。
4 把**3**加到**2**之後進行混合。
5 將環型蛋糕模具放到鋪上烘焙墊的烤盤上，把**4**倒入，放到烤箱用170℃的溫度烤15分鐘。

＜糖漬橘子＞
橘子 4顆
細砂糖 50g

1 將橘子切片，跟細砂糖一起放到鍋內，煮到糖度50brix為止。

＜橘子焦糖慕斯＞
細砂糖 130g
35%生奶油**A** 255g
蛋黃 180g
巧克力（Valrhona「Jivara Lactée」）460g
板狀明膠 8g
35%生奶油**B** 950g

1 將3分之1的砂糖放到鍋內用火加熱，融化之後將剩下的份量分成2次加入，製作成焦糖後將生奶油**A**加入。
2 讓**1**散熱到可以作業的溫度，將打散的蛋黃慢慢加入，倒回鍋內煮成英式奶油。
3 達到80℃之後將泡軟的明膠加入，一邊過濾一邊跟巧克力加在一起使其融化。
4 降低到40℃之後，跟攪拌到發泡六分的生奶油**B**加在一起混合。

＜吉瓦納巧克力淋漿＞
巧克力（Valrhona「Jivara Lactée」）290g
35%生奶油 193g
鏡面果膠 500g

1 將生奶油煮沸，跟巧克力加在一起進行乳化。
2 把**1**跟鏡面果膠加在一起混合。

＜巧克力鮮奶油＞
巧克力（Valrhona「Guanaja」）120g
35%生奶油**A** 150g
轉化糖 16g
麥芽糖 16g
35%生奶油**B** 300g

1 將生奶油**A**煮沸，加入巧克力、轉化糖、麥芽糖來進行乳化。
2 讓生奶油**B**以液狀來跟**1**混合，放到冰箱冷藏2個小時。
3 實際使用之前先攪拌發泡再來使用。

＜組合與修飾＞
裝飾用巧克力／噴槍用巧克力

1 將橘子焦糖慕斯倒到環型蛋糕模具內，填滿一半的高度。
2 將切過的糖漬橘子放到中央，再次將橘子焦糖慕斯倒到9分滿。
3 蓋上無麵粉的巧克力蛋糕體之後急速冷凍。
4 倒過來將模具卸下，將噴槍用的巧克力噴上。
5 在表面擠上吉瓦納巧克力淋漿，放上裝飾用的巧克力，擠上巧克力鮮奶油並用糖漬橘子進行裝飾。

草莓蛋糕 照片參閱第70頁

※33cm×48cm的凝固板1片

＜杏仁開心果蛋糕＞
（33cm×48cm的凝固板2片）
A | 杏仁粉 200g
開心果粉 80g
糖粉 280g
B | 蛋黃 248g
蛋白 160g
C | 細砂糖 226g
蛋白 560g
低筋麵粉 165g

1 將**A**跟**B**混合在一起，攪拌發泡到舀起之後有如緞帶一般掉落的狀態。
2 把**C**攪拌到發泡八～九分的狀態，確實製作成蛋白霜。
3 把**2**的一半加到**1**來混合，將低筋麵粉加入確實攪拌均勻。
4 把剩下的蛋白霜加到**3**來進行混合。
5 倒到凝固板內，放到烤箱用220℃的溫度烤大約10分鐘。

蛋白霜每次使用之前都先重新攪拌過，加入後迅速的混合。製作成跟鮮奶油類似的輕飄飄的麵糊。

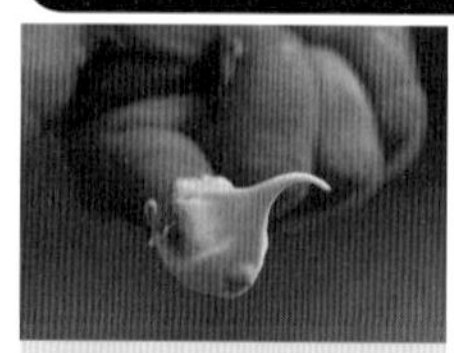
蛋白霜一開始用低速，泡沫變大之後改成高速來確實攪拌（大約成為鳥嘴一般的形狀）。將粉類混合之後將蛋白霜的一半加入攪拌。

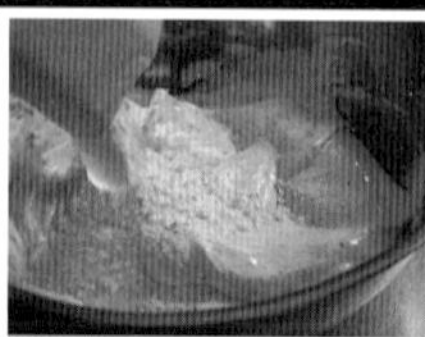
將低筋麵粉一口氣倒入，確實攪拌到粉的感覺完全消失之後，再將剩下的蛋白霜倒入。後來倒入的蛋白霜要先重新攪拌發泡再來使用。

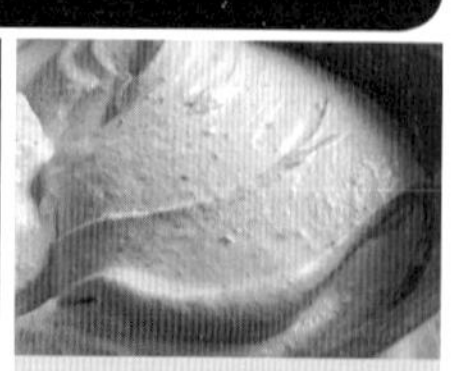
用切的感覺迅速攪拌之後倒到凝固板內。在凝固板內散開時會再混合，在此可以留下一些沒有完全融合的部分。

＜輕鮮奶油＞
牛奶 240g
香草蘭豆莢 1根
無鹽奶油 720g
蛋黃 190g
細砂糖**A** 30g
義式蛋白霜 | 蛋白 80g
細砂糖**B** 120g
水 50g
櫻桃酒 20g

1 將牛奶、香草蘭豆莢放到鍋內，加熱到80℃。
2 將蛋黃、細砂糖**A**混合在一起，煮成英式奶油。達到80℃之後，從火上取下過濾。
3 散熱到可以作業的溫度，將解凍到室溫的奶油慢慢加入，用電動打蛋器攪拌之後加入櫻桃酒。
4 將細砂糖**B**跟水煮到120℃來製作成蛋白霜，加上攪拌發泡的蛋白，製作成義式蛋白霜。
5 把**3**跟**4**加在一起，攪拌時注意不要將氣泡壓破。

＜紅色淋漿＞
鏡面果膠 250g
覆盆子果泥 50g

1 將所有材料加在一起混合。

＜組合與修飾＞
酒糖液／噴槍用溶液／草莓／覆盆子／藍莓／開心果／糖粉

1 將杏仁開心果蛋糕鋪到凝固板內，塗上酒糖液。
2 塗上少量的輕鮮奶油並將草莓排上。
3 從上面塗上輕鮮奶油，鋪上杏仁開心果蛋糕並塗上酒糖液。
4 將剩下的輕奶油塗上，放到冰箱冷凍。
5 將噴槍用的溶液噴在表面，再次放到冰箱冷藏。
6 最後塗上紅色淋漿，用草莓、覆盆子、藍莓、開心果、糖粉進行裝飾。

巧克力板蛋糕 照片參閱第71頁

※33cm×48cm的凝固板1片

＜輕蛋糕體＞（※33cm×48cm的凝固板2片）
A | 杏仁糖粉 400g
蛋（整顆）140g
蛋黃 260g
B | 蛋白 380g
細砂糖 300g
C | 低筋麵粉 120g
可可粉 120g
無鹽奶油 120g

1 用電動攪拌機將**A**的材料混合，攪拌到泛白為止。
2 用**B**製作成發泡八～九分的蛋白霜。
3 將**2**的蛋白霜的3分之1加到**1**來迅速混合。將篩過的**C**加入，攪拌到粉的感覺消失之後，將融化的奶油加入混合。
4 將剩下的蛋白霜攪拌發泡，加到**3**來進行混合。

5 將凝固板放到鋪上烘焙墊的烤盤上，將**4**分成2等份來倒入並用抹刀抹平。
6 放到烤箱用200℃的溫度烤10分鐘。

＜英式奶油＞
牛奶 320g
35%生奶油 320g
蛋黃 190g
細砂糖 70g

1 將牛奶、生奶油放到鍋內煮到80℃。
2 把蛋黃跟細砂糖混合在一起。
3 把**1**慢慢加到**2**，倒回鍋內煮成英式奶油，達到82℃之後進行過濾。

＜MANJARI巧克力慕斯＞
英式奶油（上述） 360g
巧克力（Valrhona「Manjari」） 420g
35%生奶油 540g

1 將英式奶油跟巧克力加在一起，確實混合來進行乳化之後，散熱到40℃以下。
2 將發泡六分的生奶油跟**1**均勻的混合。

＜GUANAJA巧克力慕斯＞
英式奶油（上述） 500g
巧克力（Valrhona「Guanaja」） 475g
35%生奶油 675g

1 把英式奶油跟巧克力加在一起，確實地混合進行乳化之後，散熱至40℃以下。
2 把打發到六分的生奶油與**1**均勻的混在一起。

＜酒糖液＞
糖漿 125g
橘子科涅克白蘭地 50g
水 25g

1 將所有材料加在一起混合。

＜噴槍用巧克力＞
巧克力（Valrhona「Guanaja」） 500g
可可粉 400g

1 將所有材料加在一起融化混合。

＜巧克力餅干碎片＞
巧克力（Valrhona「Jivara Lactée」） 150g
可可粉 30g
杏仁果仁糖 300g
榛果（烘焙後切碎）150g
碎餅乾 150g

1 將巧克力跟可可粉融化，跟剩下的材料混合之後冷卻凝固。

＜組合與修飾＞
裝飾用巧克力

1 將印有凹凸紋路的紙鋪到凝固板內，倒入MANJARI巧克力慕斯，鋪上輕蛋糕體並塗上酒糖液。
2 倒入GUANAJA巧克力慕斯，鋪上輕蛋糕體並塗上酒糖液。
3 疊上冷卻凝固的巧克力餅干碎片，急速冷凍來進行凝固。
4 把**3**倒過來，在表面噴上噴槍用的巧克力。
5 將凝固板拆下，切割成11cm×15.5cm的大小，用巧克力進行裝飾。

椰子開心果蛋糕 照片參閱第72頁

※直徑12cm8份

＜椰子達可瓦滋＞
A 蛋白 270g
細砂糖 90g
B 杏仁粉 72g
糖粉 252g
椰子粉 180g
糖粉

1 把**B**加在一起篩過。
2 用**A**製作成發泡八～九分的蛋白霜，把**1**一點一滴的加入混合。
3 用10號的圓形花嘴在烤盤擠上直徑約11cm的螺旋狀，篩上糖粉之後放到烤箱用180℃的溫度烤15分鐘。

＜開心果慕斯＞
牛奶 280g
香草蘭豆莢 1根
蛋黃 80g
細砂糖 70g
開心果糊 70g
板狀明膠 11g
35%生奶油 350g

1 將牛奶、香草蘭豆莢放到鍋內煮到80℃。
2 將蛋黃、細砂糖、開心果糊混合，將**1**一點一滴的加入，倒回鍋內煮成英式奶油。
3 達到82℃之後將泡軟的明膠加入，過濾之後散熱。
4 將生奶油確實攪拌之後跟**3**混合。

＜鳳梨糖煮水果＞
鳳梨 1顆
A 細砂糖 300g
水 900g
櫻桃酒 10g

1 將鳳梨切成3mm×3cm的細絲。
2 把**A**混合在一起來製作成糖漿，煮沸之後將鳳梨加入，在常溫之中冷卻。

＜椰子鮮奶油＞
椰子果泥 700g
鳳梨糖煮水果（上述）的糖漿 77g
板狀明膠 22g
35%生奶油 1050g
鳳梨糖煮水果（上述） 適量

1 將鳳梨糖煮水果的糖漿調整到40℃的溫度，將泡軟的明膠加入使其溶化。
2 將椰子果泥跟**1**混合在一起。
3 將充分攪拌發泡的生奶油加到**2**來進行混合，最後加上鳳梨糖煮水果。

＜組合與修飾＞
鏡面果膠／覆盆子／椰子條／開心果／鳳梨／香草棒

1 將開心果慕斯放到直徑10cm的環型蛋糕模具，進行急速冷凍。
2 將椰子慕斯倒到直徑12cm的環型蛋糕模具內，填滿6分的高度，將**1**從模具之中卸下來放入。
3 用椰子慕斯將模具倒到9分滿，蓋上椰子達可瓦滋後急速冷凍。
4 把**3**倒過來在表面塗上鏡面果膠，將模具卸下，周圍灑上椰子條，用覆盆子、開心果、鳳梨、香草棒進行裝飾。

草莓香檳蛋糕 照片參閱第73頁

※33cm×48cm的凝固板1片

＜杏仁蛋糕＞（33cm×48cm的凝固板2片）
A 杏仁粉 280g
糖粉 280g
B 蛋黃 248g
蛋白 158g
C 蛋白 560g
細砂糖 226g
低筋麵粉 166g

1 將**A**混合之後篩過，把**B**加入之後攪拌發泡。
2 把**C**製作成發泡八～九分的蛋白霜。

3 把2的3分之1的蛋白霜加到1，稍微混合之後加上低筋麵粉確實攪拌。
4 將剩下的蛋白霜加入混合。
5 把凝固板放到烤盤上，將4倒入之後抹平。
6 放到烤箱用220℃的溫度銬10分鐘。

<香檳慕斯>
氣泡酒 495g
檸檬汁 135g
蛋黃 216g
細砂糖A 252g
板狀明膠 27g
35%生奶油 810g
義式蛋白霜 | 蛋白 113g
細砂糖B 158g
水 63g

1 將氣泡酒、檸檬汁加到鍋內煮到80℃。
2 將蛋黃與細砂糖A合在一起之後跟1混合，煮成英式奶油。
3 加熱到82℃之後將泡軟的明膠加入，混合之後進行散熱。
4 加入細砂糖B、水，煮到120℃，將發泡的蛋白加入來製作成義式蛋白霜。
5 將發泡八分的生奶油跟4迅速混合。
6 將散熱後的3跟5混合，攪拌時注意不要將氣泡壓破。

<草莓果凍>
草莓果泥 160g
細砂糖 16g
板狀明膠 4g

1 將草莓果泥跟細砂糖混合。
2 把1的一部分跟泡軟的明膠混合，加熱到40℃。
3 把1跟2合在一起。

<草莓慕斯>
草莓果泥 225g
板狀明膠 12g
35%生奶油 225g
義式蛋白霜 | 蛋白 60g
細砂糖 90g
水 60g

1 將草莓果泥、泡軟的明膠合在一起。
2 將細砂糖、水倒入鍋內煮到120℃，加上發泡的蛋白來製作成義式蛋白霜。
3 把2跟發泡八分的生奶油迅速混合。
4 把1跟3加在一起混合，攪拌時注意不要將氣泡壓破。

<糖漬橘子>
橘子皮 1顆份
水 500g
細砂糖 400g

1 將水跟細砂糖製作成糖漿，煮沸之後把火關掉。
2 將橘子皮加到鍋內浸泡一個晚上。
3 將橘子皮取出，再次用火將糖漿加熱，煮沸之後將橘子皮加入。
4 將1到3的步驟重複操作10天。

<組合與修飾>
鏡面果膠／覆盆子／黑莓果／奇異果／草莓／蜜柑／糖粉

1 將糖漬橘子隨機性的放到凝固板內。
2 倒入一半的香檳慕斯。
3 放上杏仁蛋糕。
4 放上草莓慕斯之後將草莓果凍倒入。
5 將剩下的香檳慕斯倒入，鋪上杏仁蛋糕之後急速冷凍。
6 塗上鏡面果膠，將凝固板卸下，切割成10cm×15cm的大小。用水果裝飾之後篩上糖粉。

PÂTISSERIE Un Bateau

蛋糕店 船 松吉 亨

蘋果蕃薯塔 照片參閱第76頁

<塔皮麵團>（直徑12cm每份使用80～85g）
生杏仁糖泥 300g
糖粉 100g
無鹽奶油 338g
人造奶油 112g
低筋麵粉 600g
蛋（整顆） 30g

1 將生杏仁糖泥跟奶油、人造奶油退冰到室內的溫度。
2 將糖粉跟蛋加到杏仁糖泥。
3 將奶油跟人造奶油一點一滴的加入來混合均勻，注意不可留下任何塊狀物。
4 將篩過的低筋麵粉加入之後稍微攪拌，放到台上，翻動底部進行混合。
5 鋪到塔型模具內，放到烤箱用上火185℃、下160℃的溫度烤32分鐘左右。

<傑諾瓦士麵糊>（直徑12cm每份使用厚1cm×直徑12cm1片）
蛋（整顆） 550g
細砂糖 317g
蜂蜜 30g
低筋麵粉 350g
牛奶 75g
42%生奶油 50g

1 將蛋的容器泡到熱水，用40℃左右的溫度來攪拌發泡，加上細砂糖跟蜂蜜，確實攪拌到濃稠。
2 將低筋麵粉加入混合，將牛奶跟生奶油加入之後攪拌均勻。
3 放到烤箱用上火175℃、下火155℃的溫度烤大約27分鐘。

<杏仁鮮奶油>（直徑12cm每份使用150g）
無鹽奶油 338g
人造奶油 112g
蛋（整顆） 375g
杏仁粉 450g
細砂糖 362g
鹽 5g
酸奶油 45g

1 將奶油跟人造奶油退冰到室內的溫度，調整成蠟狀。
2 將蛋打散之後加入，用合在一起的杏仁粉跟鹽、細砂糖、酸奶油的順序加入，混合時注意不要過度攪拌發泡。放置一個晚上。

<蛋奶糊>（準備份量）
蛋（整顆） 2顆（約126g）
細砂糖 40g
42%生奶油200g

1 將蛋打散，用細砂糖、生奶油的順序加入，混合之後進行過濾。

<組合與修飾>
蕃薯※／蘋果（紅玉、直徑12cm1片1顆）／香草糖★／杏子果醬／歐洲黑葡萄乾（浸泡蘭姆酒）／肉桂粉／胡桃／香草的豆莢
※包鋁箔紙用烤箱烤過。

1 將杏仁鮮奶油擠到烤過的塔皮，放到烤箱用上火185℃、下火160℃的溫

度烤大約35分鐘。
2 疊上切成1cm厚的傑諾瓦蛋糕，讓蛋奶糊確實的滲入。
3 將蕃薯切成5mm的厚度來製作成烤蕃薯，撕開之後放上，接著排上切成薄片的蘋果，倒上少量的蛋奶糊並將香草糖篩上。
4 將烤箱的風門關上，用上火185℃、下火160℃烤大約1個小時，將風門打開再烤8分鐘，趁熱用噴槍將表面烤成金黃色。
5 散熱之後將煮到濃稠的杏子果醬塗上，篩上肉桂粉，灑上歐洲黑葡萄乾跟胡桃，用香草的豆莢進行裝飾。

透過環型模具讓蛋奶糊正確的滲入

將環型蛋糕模具套到塔上來將蛋奶糊倒入。

可以防止蛋奶糊流到蛋糕與塔皮麵體之間。

將1整顆的紅玉蘋果切片之後疊上。

★香草糖
香草的豆莢、細砂糖　適量

1 用電動攪拌機將乾燥後的香草豆莢與細砂糖攪拌後篩過。

檸檬塔　照片參閱第77頁

<基本酥皮麵團>（直徑12cm16份）
高筋麵粉　495g
低筋麵粉　135g
糖粉　18g
無鹽奶油　450g
蛋黃　18g
鹽　9g
冷水　225g

1 將高筋麵粉、低筋麵粉、糖粉混合在一起之後冰過。
2 將奶油切成約2cm的方塊放到冰箱冷凍。
3 將冷水、鹽、蛋黃加在一起混合。
4 將**1**跟**2**加到食物調理機內，切割到奶油變細為止。
5 一邊用食物調理機進行攪拌一邊把**3**加入。趁還留有粉的感覺時移到攪拌盆內，用重疊的方式整合在一起，平坦的延伸之後移到塑膠袋內放置一個晚上。
6 隔天，3摺2次之後放到冰箱冷藏3～4個小時，再次3摺2次。
7 放置充分的時間之後將麵團分成16等份擀平，確實開孔之後鋪到塔型模具內，用上火185℃、下165℃的溫度烤45分鐘左右。

麵團只要大約整合在一起即可，
確實包覆來放置一段時間會比較容易伸展。

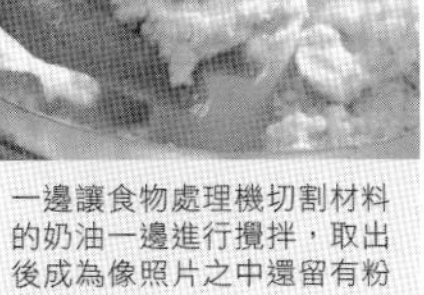
一邊讓食物處理機切割材料的奶油一邊進行攪拌，取出後成為像照片之中還留有粉末的狀態。

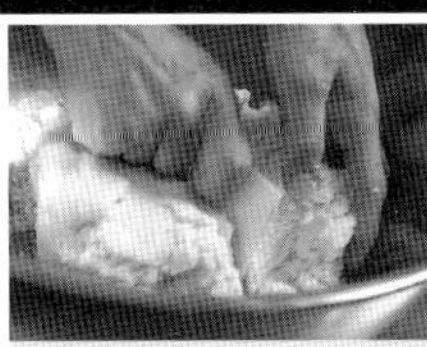
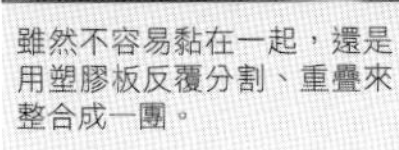
雖然不容易黏在一起，還是用塑膠板反覆分割、重疊來整合成一團。

整理成一團之後用塑膠袋包住，移到冰箱冷藏。用擀麵棍打成四角形，以便稍後延伸。

<卡士達鮮奶油>（準備份量）
牛奶　900g
42%生奶油　100g
蛋黃　180g
細砂糖　210g
低筋麵粉　40g
玉米粉　40g
無鹽奶油　40g
香草的豆莢　1根

1 將牛奶跟生奶油混合在一起，將香草豆莢切開之後加入，慢慢加熱來賦予香草的香味。
2 將細砂糖加到蛋黃，翻動底部攪拌，篩上低筋麵粉跟玉米粉來進行混合。
3 把**1**跟**2**合在一起之後進行過濾，一口氣進行加熱，煮到冒泡為止。
4 把火關掉之後加上奶油，倒到四角盆內，蓋上保鮮膜來進行冷卻。

<傑諾瓦士蛋糕>（直徑12cm每份使用1cm厚×直徑12cm1片）
蛋（整顆）　550g
細砂糖　317g
蜂蜜　30g
低筋麵粉　350g
牛奶　75g
42%生奶油　50g

1 將蛋的容器泡到熱水之中，用大約40℃的溫度攪拌發泡，加上細砂糖與蜂蜜，攪拌到濃稠為止。
2 加上低筋麵粉來進行混合，將牛奶跟生奶油合在一起加入之後混合。
3 放到烤箱用上火175℃、下火155℃的溫度烤27分鐘左右。

<酒糖液>
櫻桃酒　80g
糖漿（1：1.1）150g
水　300g

1 將所有材料加在一起混合。

<鮮奶油香堤>（準備份量）
42%生奶油　100g
38%生奶油　300g
冰糖（Pure Sweet）　28g
香草精華液　適量
香草糊（Mikoya香商）　適量

1 將所有材料加在一起，確實攪拌發泡。

<檸檬慕斯>（直徑12cm×高2cm的環型蛋糕模具12份）
蛋（整顆）　320g
細砂糖**A**　133g
無鹽奶油　230g
檸檬汁　418g
檸檬皮　3.5顆份
粉狀明膠　21g
水　147g
蛋白霜｜蛋白　214g
　　　｜細砂糖**B**　107g
38%生奶油　307g

1 將明膠加到份量表中的水內。
2 將蛋（整顆）打散之後跟細砂糖**A**加在一起，並將檸檬汁、檸檬皮、切塊的奶油加到同一個攪拌盆內。
3 將攪拌盆泡到熱水之中，用打蛋器慢慢攪拌來讓奶油融化，讓整體的溫度提升。
4 把**1**加入，過濾之後進行散熱。
5 將生奶油攪拌到發泡七分。
6 用蛋白與細砂糖**B**來製作蛋白霜。
7 用**5**、**6**的順序來跟**4**混合，倒到模具之中冷卻凝固。

<檸檬凝乳>（準備份量）
蛋（整顆）104g
細砂糖　150g
檸檬汁　100g
無鹽奶油　75g

1 把蛋打散之後跟細砂糖、檸檬汁、切塊的奶油放到同一個攪拌盆內。
2 將攪拌盆泡到熱水之中，用打蛋器慢慢攪拌讓整體的溫度提升。
3 過濾之後進行散熱。

<組合與修飾>
鮮奶油慕斯林※／派皮碎屑／草莓／奇異果／覆盆子／鏡面果膠／糖粉
※用300g卡士達鮮奶油與100g鮮奶油香堤的比例混合製作而成。

1 將鮮奶油慕斯林擠到烤好的塔皮上，放上切成1cm厚的傑諾瓦士蛋糕，塗上酒糖液。表面塗上黏著用的鮮奶油香堤。
2 將放到冷凍凝固的檸檬慕斯平坦的那面朝上來放到**2**，塗上薄薄一層檸檬凝乳。
3 將派皮碎屑黏到塔的邊緣，用草莓、奇異果、覆盆子來進行裝飾，用果膠跟糖粉做最後的修飾。

焦糖栗子蛋糕 照片參閱第78頁

※36cm×51cm×高5cm的凝固板1片

＜開心果蛋糕體＞（6份蛋糕用的烤盤2片）
蛋（整顆） 373g
蛋黃 160g
糖粉 167g
杏仁粉 167g
蛋白霜 | 蛋白 210g
　　　 | 細砂糖 133g
低筋麵粉 156g

1 將蛋（整顆）跟蛋黃加在一起，稍微攪拌發泡。
2 將糖粉跟杏仁粉加在一起混合均勻來製作成杏仁糖粉，加到**1**，確實攪拌發泡到整體濃稠為止。
3 將蛋白與細砂糖確實製作成蛋白霜。
4 把**3**的3分之1加到**2**，將篩過的低筋麵粉加入混合。
5 將剩下的蛋白霜加入混合。
6 將**5**分成2等份來倒到凝固板內，迅速塗抹均勻，放到烤箱之後在下方插上烤盤，用上火190℃、下火190℃烤11分鐘左右，將下方的烤盤抽出再烤1分鐘左右。
7 將邊緣剝下，蓋上紙後上下顛倒過來，用噴霧器將水（份量之外）噴上來進行散熱。

＜焦糖慕斯＞（36cm×51cm×高5cm的凝固板1片）
細砂糖 300g
水**A** 104g
35%生奶油**A** 580g
粉狀明膠 17g
水**B** 104g
白蘭地 85g
35%生奶油**B** 870g

1 將粉狀明膠泡到水**B**之中。
2 用火將水**A**跟細砂糖煮熱，開始製作成焦糖。
3 將生奶油**A**倒到鍋內煮沸。
4 將**3**加到確實煮出顏色的**2**，製作成焦糖溶液。
5 到可以作業的溫度後把**1**加入散熱。
6 將生奶油**B**攪拌到發泡七分，跟**5**加在一起。

＜混入栗子的鮮奶油香堤＞
（36cm×51cm×高5cm的凝固板1片）
38%生奶油 1560g
海藻糖 80g
糖煮栗子（糖衣栗子） 650g

1 將海藻糖加到生奶油內攪拌發泡。
2 將糖煮栗子切成5mm左右的方塊，跟**1**加在一起確實攪拌。

＜酒糖液＞
白蘭地 80g
糖漿（1：1.1）150g
水 300g

1 將所有材料加在一起混合。

＜炸彈糊＞（36cm×51cm×高5cm的凝固板1片）
蛋黃 77g
細砂糖 70g
水 44g

1 用水跟細砂糖製作成糖漿，加上蛋黃用打蛋器混合，煮到整體達到85℃為止。
2 過濾之後用電動攪拌器攪拌發泡。

＜組合與修飾＞
糖粉／果膠／鮮奶油香堤／巧克力藝術／糖煮栗子（「糖衣栗子」）

1 將開心果蛋糕的烤痕去除，讓酒糖液滲入之後鋪到凝固板的底部。
2 將焦糖慕斯倒到**1**，放到冰箱冷凍凝固。
3 將混入栗子的鮮奶油香堤疊到**2**的上面，將開心果蛋糕疊上時，將烤痕剝下的那面朝下，讓酒糖液滲入，壓住使其平整來進行冷凍。
4 將炸彈糊塗在**3**的整個表面，篩上糖粉用噴槍來焦糖化，塗上果膠後進行分割。
5 用鮮奶油香堤、巧克力、糖煮栗子進行裝飾。

漿果起士布丁蛋糕 照片參閱第79頁

＜甜酥皮麵團＞（直徑15cm每份使用140g）
無鹽奶油 450g
人造奶油 150g
糖粉 320g
鹽 8g
蛋（整顆） 200g
低筋麵粉 700g
高筋麵粉 170g
香草精華液 2g

1 將奶油跟人造奶油退冰到室內的溫度。
2 將糖粉跟鹽加到**1**，翻動底部混合之後將蛋混入，將香草精華液加入混合。
3 將低筋麵粉跟高筋麵粉加在一起篩過，加到**2**來迅速的混合，放到冰箱冷藏2個小時。

＜傑諾瓦士蛋糕＞（直徑15cm每份使用厚度1cm×直徑15cm1片）
蛋（整顆） 550g
細砂糖 317g
蜂蜜 30g
低筋麵粉 350g
牛奶 75g
42%生奶油 50g

1 將蛋的容器泡到熱水之中調整到40℃左右，攪拌發泡之後將細砂糖跟蜂蜜加入，混合到濃稠為止。
2 將低筋麵粉加入混合，將牛奶跟生奶油合在一起加入混合。
3 放到烤箱用上火175℃、下火155℃的溫度烤27分鐘左右。

＜起士混合麵糊＞
鮮奶油起士 200g
細砂糖 100g
低筋麵粉 13g
蛋（整顆）160g
38%生奶油 400g

1 將細砂糖加到鮮奶油起士內，將打散的蛋加上3分之1來進行混合。
2 將篩過的低筋麵粉加到**1**來進行混合，把剩下的蛋加入來攪拌均勻。
3 將生奶油加到**2**來進行混合，過濾之後放到冰箱冷藏一個晚上。

＜餡料＞
覆盆子 適量
草莓 適量
藍莓 適量

＜組合與修飾＞
鏡面果膠／糖粉／鮮奶油香堤／草莓／藍莓／覆盆子／蛋漿（用3顆蛋黃跟1顆蛋（整顆）的比例混合而成）

1 將甜酥皮麵團延伸之後鋪到塔型模具內，不用開孔，直接用上火185℃、下火165℃烤大約45分鐘。烤好之後若是出現開孔或裂痕，則用生的麵團塞住，趁熱塗上蛋漿，在表面形成一層膜。

2 將切成厚度5mm左右的傑諾瓦士蛋糕放到**1**，讓混合麵糊滲入之後排上餡料，再次將混合麵糊倒入，直到填滿塔的邊緣為止。
3 放到烤箱用上火210℃、下火150℃的溫度烤25～28分鐘（按照尺寸而不同），最後只用上火烘烤完成。透過搖晃來確認內部的狀況，將餘熱也計算在內來決定從烤箱拿出的時間。
4 放到冰箱冷藏來確實的冷卻，將鏡面果膠塗到表面，邊緣灑上糖粉，用鮮奶油香堤、草莓、藍莓、覆盆子、鏡面果膠來進行裝飾。

紅玉蘋果與橘子風味的奇布思特

照片參閱第80頁

＜甜酥皮麵團＞（直徑15cm每份使用140g）
無鹽奶油 450g
人造奶油 150g
糖粉 320g
鹽 8g
蛋（整顆） 200g
低筋麵粉 700g
高筋麵粉 170g
香草精華液 2g

1 將奶油跟人造奶油退冰到室內的溫度。
2 將糖粉、鹽加到**1**來進行混合，將蛋加入混合之後，倒入香草精華液來攪拌均勻。
3 將低筋麵粉跟高筋麵粉合在一起，篩過之後加到**2**來迅速混合，放到冰箱冷藏2個小時。
4 延伸之後鋪到塔型模具內，放到烤箱用上火185℃、下火165℃烤35分鐘左右。

＜杏仁鮮奶油＞（直徑15cm每份使用220g）
無鹽奶油 338g
人造奶油 112g
蛋（整顆） 375g
杏仁粉 450g
細砂糖 362g
鹽 5g
酸奶油 45g

1 將奶油跟人造奶油退冰到室內的溫度，並調整成蠟狀。
2 將蛋打散之後加入，用混合在一起的鹽跟杏仁粉、細砂糖、酸奶油的順序加入，混合時注意不可攪拌過度。放置一個晚上。

＜鮮奶油奇布思特＞（直徑15cm8份的量）
牛奶 550g
蛋黃 248g
細砂糖**A** 62g
低筋麵粉 54g
粉狀明膠 14g
水**A** 56g
義式蛋白霜 | 蛋白 200g
　　　　　 | 細砂糖**B** 220g
　　　　　 | 水**B** 67g
橘子汁 65g
橘子糊 15g

1 將粉狀明膠跟水**A**加在一起。
2 將橘子汁跟橘子糊混合，容器泡到熱水之中加熱。
3 將細砂糖**A**跟蛋黃加在一起，翻動底部攪拌，跟低筋麵粉混合，將加熱的牛奶跟**2**加入來製作成卡士達鮮奶油。一口氣煮到冒泡之後把**1**倒入，混合之後過濾。
4 用細砂糖**B**跟水**B**來製作糖漿，煮到118～190℃，加上蛋白來製作成義式蛋白霜。
5 趁**3**跟**4**都還熱的時候將兩者混合，製作成鮮奶油奇布思特。
6 擠到直徑15cm的環型蛋糕模具內，放到冰箱冷凍凝固。

＜傑諾瓦士蛋糕＞
（直徑15cm每份使用1cm厚×直徑15cm1片）
蛋（整顆） 550g
細砂糖 317g
蜂蜜 30g
低筋麵粉 350g
牛奶 75g
42%生奶油 50g

1 將蛋的容器泡到熱水之中，加熱到40℃左右，將細砂糖與蜂蜜倒入，攪拌到發泡、濃稠為止。
2 加上低筋麵粉來進行混合，將牛奶跟生奶油合在一起加入、混合。
3 放到烤箱用上火175℃、下火155℃烤27分鐘左右。

＜蛋糊＞（準備份量）
蛋（整顆） 2顆（約126g）
細砂糖 40g
42%生奶油 200g

1 將蛋打散，用細砂糖、生奶油的順序加入，混合之後進行過濾。

＜組合與修飾＞
糖粉／蘋果／鏡面果膠／薄荷

1 將甜酥皮麵團烤過之後擠入杏仁鮮奶油，填滿7分的高度，放上切成1cm厚的傑諾瓦士蛋糕，讓蛋糊滲入。
2 將蘋果切成12等份的梳子形（瓣狀），用細砂糖（份量外）進行焦糖化，排到**1**的塔上。
3 放到烤箱用上火180℃、下火160℃烤45～50分鐘。
4 散熱之後將鮮奶油奇布思特平坦的那面朝上來進行接著。
5 篩上糖粉，用噴槍進行焦糖化。
6 用蘋果切片、薄荷進行裝飾，最後塗上鏡面果膠。

TITLE

頂尖主廚 炫技蛋糕代表作

STAFF

出版　瑞昇文化事業股份有限公司
編著　永瀨正人
譯者　高詹燦　黃正由

總編輯　郭湘齡
責任編輯　林修敏
文字編輯　王瓊苹　黃雅琳
美術編輯　李宜靜
排版　二次方數位設計
製版　明宏彩色照相製版股份有限公司
印刷　桂林彩色印刷股份有限公司
法律顧問　經兆國際法律事務所　黃沛聲律師

戶名　瑞昇文化事業股份有限公司
劃撥帳號　19598343
地址　新北市中和區景平路464巷2弄1-4號
電話　(02)2945-3191
傳真　(02)2945-3190
網址　www.rising-books.com.tw
Mail　resing@ms34.hinet.net

本版日期　2016年2月
定價　400元

國家圖書館出版品預行編目資料

頂尖主廚炫技蛋糕代表作／永瀨正人編著；高詹燦，黃正由譯. -- 初版. -- 新北市：瑞昇文化，2013.05
112面；21x29 公分

ISBN　978-986-5957-62-9 (平裝)

1. 餐飲業　2. 點心食譜　3. 日本

483.8　　102006870